カーボンニュートラル 前編

日本でも経済合理的に

で

CO_2を半減できる

自然電力株式会社 著

幻冬舎MC

カーボンニュートラル
前編

日本でも経済合理的に
再エネ＋電化＋蓄電池でCO_2を半減できる

はじめに

2020年10月26日、当時の菅総理がカーボンニュートラル宣言をしました。

その宣言の直後、自然電力の全クルーに宣言の内容がメールで共有されました。持続可能な社会を目指し、「自然エネルギー100%の世界を共につくる」というメッセージを掲げて、様々な仲間たちと共に再エネを増やしてきた私たちにとって、それは大きな意味を持っていたからです。まるで「総理大臣も仲間になった！」という感じです。笑

そして、私たちは本を書き始めました。より多くの人に、自然エネルギー100%の世界を目指して、一緒に行動していこうと伝えたかったからです。そのためには、自然エネルギー100%の世界を具体的に示す必要があると考えました。しかしながら、自然エネルギー100%の世界を考えてみると、現在の技術を前提にすれば、コストが高くなりすぎてしまいますし、革新的技術を盛り込めば、その技術が実用化できるのか不確実で、多くの人にとって共感が得られない内容となりそうでした。もちろん、世界の中には、毎日晴れているような地域であれば、太陽光発電と蓄電池で経済合理的な範囲内で、「自然エネルギー100%」も実現できそうなのですが、日本では、太陽光でも風力でも発電しない日があり、蓄電池をいくら増やしても、100%は実現しそうにありません。電力が不足する日は、需要を抑えるという方法もありますが、電力の足りない日の多くは冬であり、寒さを耐えて過ごすというのも現実的ではありません。

そこで、自然電力では、2050年カーボンニュートラルの取組のうち、すでに技術的に確立しており、経済性も見込める方法で、自然エネルギーを何%まで増やせるのか、私たちなりに試算してみました。その結果、電化と再エネと蓄電池というすでに確立された技術によって、経済合理的な範囲内で、温室効果ガス排出量の半減が実現できそうだということ

図0-1　CO_2排出量を半分にする方法

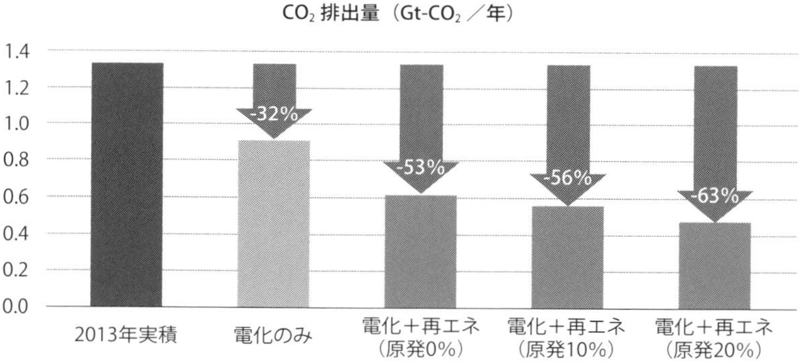

（シミュレーションの条件）

電化　：家庭と業務⇒100%、旅客運輸（自家用車のみ）⇒100%、
　　　　産業（非素材製造のみ）⇒80%
　　　　新規で電化した需要のうち８割が調整可能需要

再エネ：太陽光 400GW、風力 200GW（陸上風力換算、洋上風力換算 150GW）

蓄電池：500GWh（定置型と系統接続 EV の合計）

出典：自然電力独自の試算

が判明しました。

私たちが行った試算では、**図 0-1** のように、日本全体でのエネルギー消費量をできるだけ電化して、太陽光発電400GW、風力発電200GW（陸上風力の稼働率換算）、蓄電池500GWhの導入を実現することで、2013年のCO_2排出量13.1億トンを、半分以下の4.8～6.2億トンに削減できそうなのです（計算内容の説明は第３章）。温室効果ガス（GHG）全体で計算しても、14.1億トンが5.8～7.2億トンに下がり、既存技術で半減できるという結果になりました。

そして、コストも概算してみたところ、発電コストは、２割程度の上昇で済み、海外からの化石燃料の輸入額は、３分の１に削減できる結果となりました。発電コストは上がりますが、住宅や業務で使われるエネルギー源が電力に集約されることで、コスト削減効果がありますので、最終エネルギー消費におけるコストは、むしろ下がると考えられます。エネルギー自給率の向上も鑑みれば、経済合理的な選択肢だと思われます。また、化石燃料の輸入に使っていたお金が、電化のための設備、再エネ設備、蓄電池に使われるため、この設備製造等を国内にすることで、国の貿易収支は改善され、経済効果がプラスになると考えられます。

このように、電化と再エネ（太陽光と風力）と蓄電池の拡大によって、経済合理的に、GHG排出量の半減が可能だと言えそうです。そして、日本にとっては、エネルギー安全保障を高められることが重要ではないでしょうか。もちろん、日本に限らず、人類全体に言えることですが、枯渇性資源に依存したままの社会では、その資源が使えなくなったときに、社会に大きな負の影響が及ぶことが考えられます。例えば、採掘できる石油量が急激に減れば、石油価格が急騰して、これまでのような生活ができなくなり、国民の不満も大きくなり、最悪の場合、エネルギー資源を奪い合う戦争に発展する可能性も考えられます。実際に、20世紀の戦争のほとんどは、石油資源をめぐるものでした。エネルギー安全保障は、人類共通の課題です。特に、エネルギー源の約９割を海外に依存している日本にとっては、最重要課題の１つです。それが、電化＋再エネ＋蓄電池によって、その問題の半分を解決できる可能性が見えているのです。

本書では、この経済合理的にできるGHG排出量50％削減を「カーボンニュートラル前編」と名付け、まずは、ここまでの対策をみんなで力を合わせて、進めていこうではないか！というメッセージをお伝えしたいと思います。カーボンニュートラル前編の実現は、エネルギー業界以外の人にもチャンスをもたらします。よって、本書は、エネルギーのことに詳しくない方でも、カーボンニュートラル前編のイメージを持っていただけるように、できるだけ分かりやすく書いていきたいと思います。

ここで、少しだけ、私たち自然電力の自己紹介をしたいと思います。自然電力は、2011年に創業した会社で、満11歳です（2022年６月時点）。

図0-2　大気中の二酸化炭素濃度の上昇

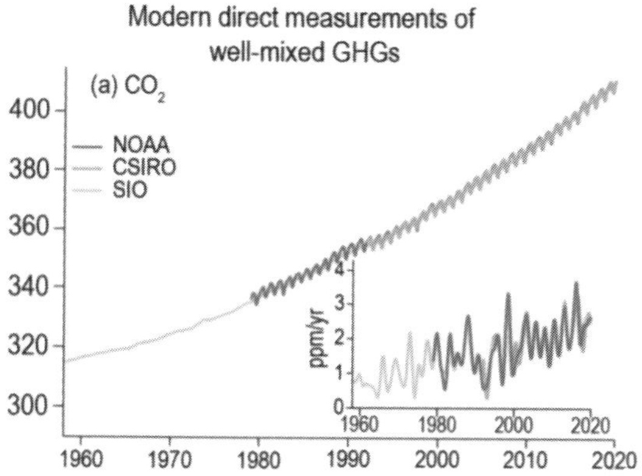

出典：IPCC AR6 WG1 Chapter 2より引用

（参考図）

産業革命以降、CO_2排出量が著しく増加しており、地球が住みにくい場所になっていくことは事実だが、それがカーボンニュートラルの一番の動力ではない。

人で言うとまだまだ小学生です。至らぬ点もまだまだある会社ですが、夢は「自然エネルギー100%の世界をつくる」と大きいです。

主な事業は、太陽光発電や風力発電といった再エネ発電所を、日本をはじめ、世界6か国でつくっています。日本では、発電所プロジェクトをゼロからつくる事業開発、発電所を設計して、機器調達して、建設するEPC、発電所の保守管理、発電所を保有しての発電事業、そして、再エネ発電所の電気を消費者に提供する小売事業まで、機器製造と電気を送る送配電事業以外は、再エネに関するすべてをやっている会社です。

自然電力の特徴は、一言でいうと「グローバル&ローカル」です。グローバルは、世界視野で世界の仲間たちと世界中で事業を行っていくということです。ローカルは、再エネ発電所は地方に多くつくることができるので、地域にもメリットが出る形で、地域と一緒につくっていくと

図0-3　日本の主な温室効果ガス排出源

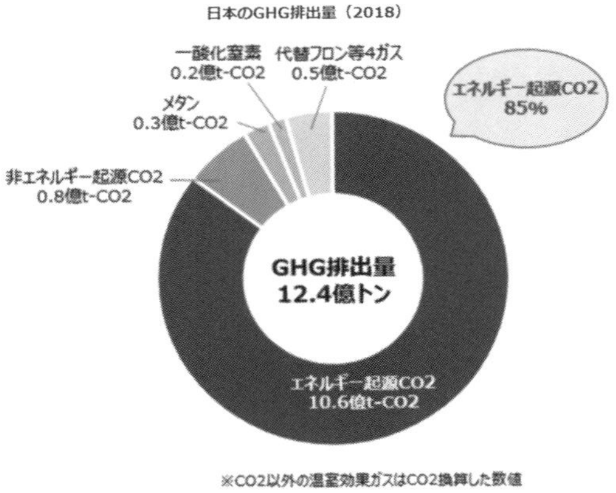

出典：経済産業省より引用

（参考図）
日本の温室効果ガスのうち、エネルギー起源CO_2が85%を占める。つまり地球温暖化対策は、日本にとってはエネルギー対策ということになる。

いうことです。この「グローバル&ローカル」によって、世界の一番良い技術やノウハウを地域に合わせた形で導入することで、数多くの再エネ発電所を実現させてきました。

私たちは、子や孫の未来世代においても、みんなが幸せに暮らせる環境が残せるよう、持続可能な社会を実現していきたいと考えています。持続可能な社会に必要な要素は、食料、教育、地域など、数多くありますが、その中でも、私たちはエネルギーシステムを持続可能なものに変えていきたいと考え、自然エネルギー100%の世界を目指しています。そんな世界できるのか？と青臭く思われるかもしれませんが、私たちは、いつまでも青臭く、大きな会社にはできないような挑戦をし続けたいと考えています。

図0-4　カーボンニュートラルの実現イメージ

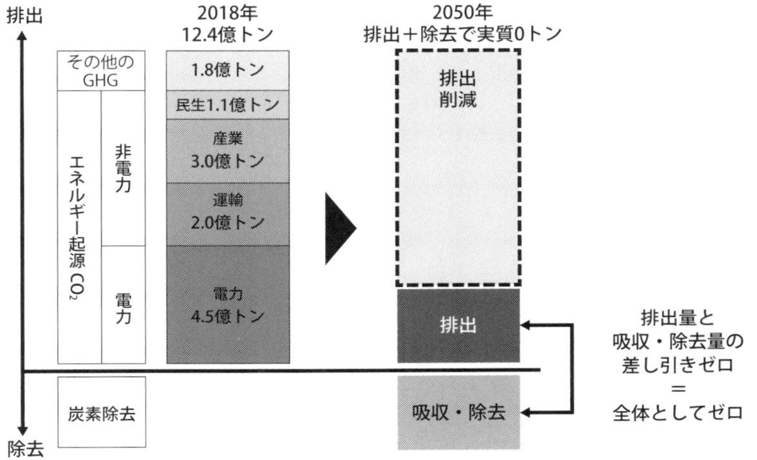

出典：経済産業省より引用

（参考図）
日本政府がイメージするカーボンニュートラルは、排出削減を行い、どうしても排出してしまう分を吸収・除去することで実質ゼロとする。

日本政府のカーボンニュートラル宣言は、私たちに大きな勇気を与えてくれました。事業開始から10年、今までやってきたことは間違っていなかったと思えました。それと同時に、日本の脱炭素化が、端っこの政策からメインストリームとなりました。そして、日本のカーボンニュートラル実現に、これまで以上に貢献したい、そのために私たちが果たすべき役割は大きくなっていると感じ、ワクワクとした気持ちになっています。しかし、私たち自然電力だけでは、カーボンニュートラル前編の実現はできません。多くの仲間が必要です。多くの仲間とワクワクを共有したいのです。

カーボンニュートラル宣言以降、多様な業種の会社や多様な方から、どうやったら脱炭素ができるのか、自然エネルギーを導入できるのか、私たちにも問い合わせが増えています。もちろん、ワクワクではなく、取引先の要求など社会的に対応が求められているという理由かもしれませんが、企業の姿勢は大きく変わりました。以前の企業の反応は「地球温暖化対策は重要だとは分かっているが、コストアップになるからできない」というものでした。それが今は、「カーボンニュートラルに向けた行動を取らないといけない」と変わっています。

政府の各省庁も変わってきています。温暖化対策の法律も改定され、カーボンニュートラルが法律に規定されました。経済産業省も実現のための具体的な方法を真剣に考えています。農林水産省は、使われていない荒廃農地を再エネ発電所に使えるように規制緩和をしました。国土交通省も一度は取り下げた建物の高断熱化の制度を導入することにしました。

このような状況になるなんて、10年前には想像すらしていませんでした。10年前との大きな違いは、技術の進化にあります。第２章で説明しますが、大きな技術発展がありました。それが、太陽光発電と風力発電と蓄電池のコスト削減、及びデジタル技術の進化という３つの技術的トレンドです。これに1990年代に進化したヒートポンプ技術も合わさり、電化、自動化、分散化という社会的トレンドが生まれています。

特に、太陽光発電は、この10年でコストが５分の１以下になり、火力発電よりも最も安い電源となりました。そして、リチウムイオン電池のコストも５分の１となり、太陽光発電と合わせて、分散型エネルギー源として、経済合理的な選択肢となりました。風力発電も風力発電設備の大型化が進んだ結果、火力発電の燃料費以下のレベルまで下がったことで、欧州や米国では、主要なエネルギー源となっています。このようにこの10年の大きな技術進化があり、200年前に起きた蒸気機関の発展と同じくらいの社会的インパクトがあるのですが、日本ではそうした認識は少ないと思われます。

世界各国が地球温暖化対策として合意したパリ協定が採択され、発効した背景も、この技術進化が大きいと言えます。もちろん、地球温暖化による気候変化が世界中で顕在化してきたことも大きいですが、やはり、人類が具体的な解決策を手に入れたこと、そして、エネルギー構造の転換が見え、その新しい社会構造において、自国を経済優位に立たせたいといういくつかの大国の思惑があったのです。日本では、そうした解説の報道をなかなか見かけません。政府は、こうした理解の上で、欧米中と同じ土俵に立ち、その中で日本の経済優位を得るための国際的ルールをつくろうと考え、カーボンニュートラルを宣言したと思います。

今回のカーボンニュートラル宣言のすごいところは、確実に実現できるか分からないけれど、高い目標を持って背伸びすることで、日本の経済競争力にしていこうという点にあると思います。こうした背伸びした政策目標は、高度経済成長期には見られたかもしれませんが、バブル崩壊以降、こうしたアグレッシブな目標はなかったと思います。日本の「失われた30年」は、目標のない30年間だったと言えます。目標があることは、とても、ワクワクすることだと思いますし、これからの挑戦が楽しみです。自然エネ100%の世界を目指してきた私たちは、これまで、ひっそりとこのワクワク感を楽しんできましたが、遂に市民権を得て、多くの人とこのワクワクを共有していけるようになったと感じています。

カーボンニュートラル前編は、経済合理的に実現可能と言っていますが、その道のりは簡単ではありません。私たちも、日本社会全体もそうだと思いますが、正直、CO_2排出量を削減する方法は、頭では分かっていても、それを実行しようとしても難しいものです。それは、今の生活があまりにもCO_2排出を前提として成り立っているからです。朝起きて照明をつけ、ガスコンロで目玉焼きをつくり、炊飯器で炊けたご飯を食べ、電車や自動車で通勤し、すべての活動でエネルギーを消費し、それらは石油、天然ガス、石炭といった化石燃料を燃焼させて得られており、そのときにCO_2を排出しているからです。

本書は、カーボンニュートラルを実現する道筋の前半、温室効果ガスのうちのエネルギー起源CO_2排出量を半分以上減らす方法について、私たち自然電力が持っている具体的なイメージを紹介するものです。幅広く、技術的要素もあり、複雑で難しいカーボンニュートラルへの道筋を、できるだけ平易にお伝えして、具体的なイメージを持っていただけたらと思います。

この本を手に取っていただけた方に、カーボンニュートラル前編の具体的なイメージを持っていただき、私たち自然電力と共に、自然エネルギー100%の世界をつくる仲間になってもらえたら嬉しいです。

目次

第1章

これは温暖化対策ではない

■カーボンニュートラルは温暖化対策ではない

まず初めにお伝えしておかなければならないことは、世界が目指し、日本も宣言をした「カーボンニュートラル」は、実は、地球温暖化対策ではないということです。「ではない」というのは、言い過ぎかもしれませんが、諸外国がカーボンニュートラルを掲げる一番大きな目的が地球温暖化対策ではないことは事実です。日本にとっても、カーボンニュートラルによって地球温暖化対策以上の利益があると考えられます。まずは、カーボンニュートラルが地球温暖化防止のためだという認識を変えることが、カーボンニュートラルを正しく理解する第一歩です。もし、地球温暖化対策として考えているのであれば、それは、あなたの行動を誤った方向に導く可能性があります。実際に、日本社会は、そうなっているのではないかと心配しています。

では、諸外国が積極的なCO_2排出量削減の目標を打ち出し、カーボンニュートラル化を宣言していますが、その一番の目的とは、なんでしょうか？

それは、太陽光発電・風力発電・蓄電池のコストが大幅に下がり、経済を支えるエネルギー源が化石燃料から自然エネルギーに変わり、社会全体の構造も変わろうとする中で、自国が優位に立つためです。決して「環境に良いことをします」という慈善的取組ではありません。諸外国は、積極的な温暖化対策を打ち出すことで、技術をリードし、制度面でもルールメーカーとなろうとしています。つまり、新しいエネルギーインフラの世界を見据えた覇権争いなのです。この10年で太陽光発電・風力発電・蓄電池のコストが大幅に下がったことは、日本では、ほとんど認識されていません。日本で、太陽光発電と風力発電の話をすると、たいていの人は「価格が高い」「不安定」と言いますが、すでに、それは世界の非常識です。世界の常識は、「太陽光発電と風力発電が最も安い電源である」「気象予報と蓄電池で安定な電源にできる」という認識です。こうした認識の誤りによって、日本では、エネルギーインフラが抜本的に変わっていくこと、それに伴い社会構造も大きく変わろうとしていることに気付いている人は少ないのではないでしょうか。

なぜパリ協定が発効したのか？多くの日本人が「地球温暖化の影響が顕在化してきて、IPCCからも1.5℃以内に抑えるべきとの報告があったから」と理解しているかもしれませんが、もし、カーボンニュートラルの世界で競争に勝ちたいのであれば（国家間でも、企業間でも、個人間でも）、その理解は間違いです。危機感が増したから対策が強化されたのではなく、対策が経済性を得たから、対策を強化できるようになったと考えた方が正しいです。フロンガスの国際条約のときもそうでした。代替フロンが発明されたから、モントリオール議定書ができたのです。今回のパリ協定も、太陽光・風力の発電コストが火力発電のそれと同等かそれよりも小さくなったことで実現したものなのです。

▩ 日本の経済安全保障

世界的に見ると、太陽光や風力発電が最も安い電源になっていることや、エネルギーインフラが大きく変わろうとしていることを、日本が知らないということは、日本にとって大きなリスクです。逆に言えば、この事実を知って、それを新たな日本の目標とすることは、大きなチャンスになると考えられます。つまり、カーボンニュートラルを目指すことは、日本にとってリスクを減らし、チャンスを増やすことなのです。このリスクとチャンスについて具体的に考えていきましょう。

リスクは、特に経済面でのリスクが大きいと言えます。端的に言えば、エネルギー安全保障であり、具体的には、日本がこれまでのように好きな時に好きなだけ化石燃料を輸入できなくなり、国民の生活に悪影響を及ぼすということです。今、日本が化石燃料を十分に輸入できるのは、日本の経済力があってのことです。しかし、日本の経済力は、相対的に落ちていっています。一方で、世界の化石燃料が置かれている状況は、ますますリスクが高いものとなっています。COVID-19による景気後退後の反動で、景気が良くなっていますが、産油国は生産量増加をしぶり、石油価格が上がりました。2020-21年の冬は、アメリカのLNG輸出が滞り、LNGスポット価格が急騰しました。今までなら日本がLNGのほとんどを輸入していたので、こうしたことも少なかったのですが、現在では多くの国がLNGを輸入しており、中国などが高い価格でも購入していったのです。化石燃料の価格は、地下にある資源量ではなく、あくまでも掘り出した量と１日の生産量と需要とのバランスで決まります。それゆえ、市場価格も上下しやすく、特に石油市場は投機の対象となっており、投機マネーによって、実体経済以上のボラティリティを生み出しています。このように、化石燃料の算出国の価格を高くしたいという思惑と投機マネー、そして、経済を不安定化させる様々な要素（パンデミックや戦争の可能性）によって、化石燃料の価格は、今後ますますボラティリティもリスクも高くなり、総じていえば、価格が高くなっていくものと考えられます。そして、日本の相対的な経済力の低下によって、日本が化石燃料を、買いたくても買えないときがくるのは遠くないと思われます。

チャンスは、日本の産業の強みを生かせる点です。日本人や日本企業は、明確にやることが決まっていれば、それを実行し切る能力は高いと思います。ただ、今の日本は、世界が求めていることを“明確なやること”に落とし込む機能が弱いのだと思われます。そこで、カーボンニュートラルというテーマでは、人類が持続可能なエネルギーシステムを手に入れるという明確な目標を持ち、そのためにできることを“明確なやること”に落とし込めれば、日本の産業の強みが生かせると思います。既存技術である「電化」と「再エネ」と「蓄電池」は、日本産業がもともと得意とする領域です。太陽光、風力、蓄電池は、すでに諸外国の方が強くなっていますが、それらを支える産業（例えば、風力発電の部品など）では、まだまだ日本に強みがある部分も存在します。

チャンスは、日本の産業にとってのチャンスというだけではなく、日本社会全体にも好影響を与える可能性があります。日本で1990年代から続く閉塞感「失われた30年」を打破する１つの機会でもあると考えられます。今の日本は、目指す方向を見失っている状態と思えます。戦後の焼け野原から豊かさを求めて、必死に頑張ってきた結果、80年代には高いレベルで豊かさが達成されました。その豊かさは、主に物質的な豊かさだったと思われます。精神的な豊かさのために物質的な豊かさが不可欠だったので、80年代までは良かったのですが、それ以降、目指すものを見つけられずにいると思われます。当たり前のことですが、ある一定以上モノが増えても、精神的な豊かさにはつながりません。カーボンニュートラル宣言による新しい目標は、日本社会にとって目指すものが得られたということだと思います。もちろん、日本が目指すべきことはカーボンニュートラルだけではありませんが、世界に日本が提供できる価値であり、それによって日本の新しい豊かさを手に入れられると思います。

カーボンニュートラル宣言当時の菅首相が、こうしたリスクとチャンスをどこまで具体的にイメージできていたかは分かりませんが、少なくとも、カーボンニュートラル宣言が日本にとってプラスになるという肌感はあったかと思います。できるかどうか分からない目標を持ったことは、閉塞感漂う日本にとって、大きな意義があると思います。

▩ 国家への影響

現在の世界のエネルギー源の中心は、石油、天然ガス、石炭といった化石燃料です。国家の経済発展を考えるとき、これらの資源を安定的に調達できること、他国よりも優位な形で確保することがその国の経済運営にとって重要ということになります。これらの資源を持たない日本は、産出国と良い関係を構築し、生産井などを開発させてもらい、産出された化石資源を輸入できるようにしています。しかし、エネルギー源の中心が太陽光や風力といった自然エネルギーになると、石油や天然ガスよりも地域的偏在性が小さく、上述のような戦略ではなくなります。鍵になるのは、燃料ではなく、発電設備の製造技術を誰が持っているのか、その発電設備の原料はどこから産出されるのか、ということの方が重要な点となります。太陽光発電は、日本がその実用化に貢献しましたが、現在のエネルギー転換の前提となる安さは、中国が実現しており、現在、世界の太陽光発電モジュールのほとんどが中国で生産されています。風力発電設備も回転機器であり、日本が得意な領域ではあったものの、国内に市場がなかったため、日本メーカーが撤退し、現在は、すべて海外製となっています。このように、国家のエネルギー安全保障を考える上で、どこがボトルネックになるのか、何を押さえるべきなのか、エネルギー構造転換によって変わるのです。

例えば、産業革命も構造転換でした。蒸気機関の発明によって、石炭が経済活動を支えるエネルギー源となり、生産性が飛躍的に向上しました。そして、産業革命を起こした英国は、一気に強国となりました。その後、エネルギー源の中心は、石油や天然ガスとなり、第２次世界大戦で本土戦がなく、石油資源も豊富だったアメリカが、産油国の多い中東への影響力も高めて、今の社会があります。今回の構造転換は、経済を支えるエネルギー源が化石燃料から自然エネルギーに変わるものです。エネルギー源が変われば、強い国家も変わる可能性があるのです。

産業革命という構造転換は、エネルギー源が変わっただけではありませんでした。例えば、労働の在り方も変わり、会社経営の在り方も変わりました。鉄道や蒸気船ができ、人の移動や流通、情報伝達方法も変わりました。今回の構造転換でも、エネルギー源が変わるだけではない変化があります。なんといっても大きいのはデジタル技術の発展です。労働面で言えば、私たちの書類作業の多くが、コンピュータに置き換わろうとしています。製造業が人手からロボットに置き換えられたのと同じように、書類やPCでやっていた作業もロボット（RPAやAIなど）がやるようになっています。

このように、カーボンニュートラルは、地球温暖化対策の側面ではなく、むしろ、産業革命のような社会の構造転換と捉えることが、国家や企業の戦略において重要なのです。

■ 人類にとっては文明の転換点

国家という単位で考えると、カーボンニュートラルもそうした戦略の１つでしかありませんが、人類全体という単位で考えると、人類史に残る大きな文明の転換点と言えそうです。人類が使っているエネルギー源が、化石燃料から自然エネルギーに変わるということで、人類にとって、産業革命以来の大きな出来事だと思います。

人類の今の物質的豊かさは、化石燃料があって初めて成立しています。身の回りのものは、石油が原料のプラスチックや石炭を使って作られた鉄などでできていますし、私たちの生活を支えるエネルギー源のほとんどは、石油、天然ガス、石炭で成り立っています。これが、自然エネルギーに変わるのです。

未来を考えるために、これまでのエネルギー源の変遷を振り返ってみたいと思います。人類が利用してきたエネルギー源は変遷してきています。サルからヒトになるころに火を使えるようになり、文明が発展し、風や水や家畜を使ってモノを移動させたり、穀物を粉にしたりするようになりました。それが大きく変化したのが、18世紀中ごろです。蒸気機関が発明され、石炭を燃料に動力を得られるようになりました。例えば、鉱山の排水や蒸気船、蒸気機関車などです。19世紀には、蒸気機関が発展し、様々な工業で蒸気機関が用いられ、石炭が世の中を動かすエネルギー源となっていきました。そして、20世紀には、石油が大量に得られるようになり、液体燃料ならではの利便性から、暖房や給湯などの生活の細部にまで石油製品がいきわたり、生活には不可欠なエネルギー源となりました。20世紀後半には天然ガスも利用されるようになり、20世紀は石油と天然ガスの世紀となりました。

そして、21世紀、CO_2を排出せず、枯渇もしない太陽光と風力が石油や天然ガスと同等以下のコストとなり、主たるエネルギー源になろうとしています。人類全体で考えれば、カーボンニュートラルとは、枯渇性資源に依存したエネルギーシステムから、持続可能なエネルギーシステムへの転換のことです。最近、石油枯渇の話を聞くことが少なくなりました。これは、シェールオイル、超重質油といった非在来石油やシェールガスといった非在来天然ガスの開発によって、石油埋蔵量が増え、可採年数も増えてきたからです。とはいえ、石油や天然ガスが枯渇性資源であることには変わりはありません。人類がその活動のエネルギー源を変えること、枯渇性資源である化石燃料から持続可能な自然エネルギーに転換していくことは、人類の発展において大きな産業革命に等しいターニングポイントなのです。

占星術の世界では、これまでの約200年は、「土の時代」でしたが、2021年からは「風の時代」になります。200年前といえば、産業革命が起き、石炭がエネルギー源となったころです。土の時代が化石燃料の時代（大地の中から取り出すから）としたら、風の時代は自然エネルギー（風力発電など）の時代と考えられます。科学的な根拠とは言えないかもしれませんが、時代の大きな変化を感じざるを得ません。

■ 持続可能な社会に向かう世界

カーボンニュートラルは、人類にとっての大きな転換です。人類は、持続可能な社会の実現を目指しています。例えば、生態系の利用を持続可能にしたり、すべての人に衛生環境、労働、教育などの機会を提供しようとしたり、より良いと考えられる社会を目指しています。その持続可能な社会づくりの１つのテーマがカーボンニュートラルです。カーボンニュートラルは、現在の持続不可能なエネルギーシステムを持続可能なものに変えようという人類全体の方向性（トレンド）です。なお、日本では「持続可能性」という価値観がなかなか伝わり難いため、巻末にコラムとして、持続可能ではない現状の状態をメカニズムで考えてみましたので、参考にしてください。

さて、ここではエネルギーの持続可能性について、その状況を確認していきたいと思います。人類の今のエネルギーシステムは、持続不可能な状態にあると言えます。それは、現在のエネルギー源のほとんどを化石燃料に依存しており、その燃焼によるCO_2排出で地球温暖化が起きていること、化石燃料がいつかは枯渇してしまうことの２点が理由です。

化石燃料の枯渇に関しては、石油の可採年数が下がっていかないため、問題意識としては弱まっていますが、地球に存在する化石燃料は、物理的に限られていますし、問題であることには変わりません。可採年数が下がらないのは、石油消費量の増加や採掘コストの安い油田での生産量が減ったことで石油価格が上がり、石油を掘る技術が進んで、採掘コストは高いものの技術的に採掘できる石油が増えるからです。それもいずれは限界がきますが、現時点では、石油消費量の増加よりも技術進歩による採掘量の方が多いことと、太陽光発電や風力発電の発電コストが低下し、それらによるエネルギー供給量が増える見込みとなっていることから、石油資源の枯渇に対する危機感は実際に下がっていると考えられます。ただし、石油消費量の減少は、産油国にとっては収入減少につながる可能性もあるため、いかに価格を高くするかという戦略が鮮明になっていくと思われます。それによって、需給バランスとは逆に、化石燃料価格高騰というリスクが発生する可能性も高くなっていくと考えられます。

この10年で、太陽光発電と風力発電の発電コストが大幅に下がり、世界的には、化石燃料で発電するよりも安い価格になってきています。太陽光発電と風力発電を合わせて、自然変動電源（VRE：Variable Renewable Energy）と言いますが、このVREの発電コストの低下こそがエネルギーインフラ転換の一番の原動力です。人類がより便利なもの、快適なもの、そして安いものを選ぶのはごく当然なことです。VREは、人類が選びたい選択肢になっているのです。

■限界費用ゼロ社会

100年に１度の転換は、エネルギー源だけではないと言っているのが、アメリカの経済及び社会理論家であるジェレミー・リフキンです。彼が著した『限界費用ゼロ社会〈モノのインターネット〉と共有型経済の台頭』（柴田裕之訳、NHK出版、2015年）は、弊社での必読書となってい

図1-1　100年ごとの社会インフラの変化

“集中型システム”から“分散型システム”へ

	18 世紀以前	19 世紀	20 世紀	21 世紀	
	分散型	集中型	集中型	分散型	
エネルギー	風力 / 水力	石炭	石油	太陽光 / 風力	↑
コミュニケーション	印刷機	蒸気印刷機 / 電信	電話 / ラジオ / テレビ	インターネット	IoT
ロジスティックス	船・馬	蒸気機関車 / 船	自動車	EV/ 自動運転	↓

⇒カーボンニュートラルは、温暖化対策というよりも、社会構造の大きな変革の一環。

出典：ジェレミー・リフキン「限界費用ゼロ社会〈モノのインターネット〉と共有型経済の台頭」の内容を自然電力が整理

ます。ここで語られている分析は、まさに、構造転換です。リフキンは、100年ごとのエネルギー、物流、情報の変化を整理して（**図 1-1**）、21世紀のトレンドとして、「限界費用ゼロ」を示しています。

この整理を見ると、19世紀以降、100年ごとにエネルギー源と流通と情報が大きく変わっています。これらの変化が、私たちの生活を大きく変化させています。そして、リフキンが強調することが、21世紀は「限界費用ゼロ社会」になるということです。

限界費用というのは、生産量を小さく一単位だけ増加させたとき、総費用がどれだけ増加するかを考えたときの、その増加分を指します。その限界費用がゼロということは、生産量を増やしても、費用が増えないということです。電力の場合、LNG火力であれば、発電量 1 kWh 増やすのに、LNG燃料が追加で必要になり、その燃料費の分だけ費用が増加します。もちろん、LNG火力で発電するには、発電プラントの資本費や運転員の人件費なども必要ですが、それは 1 kWh 発電量を増やしたからといって増えるものではなく、発電所がある限り必要な経費なので、それは追加の費用とはなりません。そういった費用は固定費と言います。一方、太陽光や風がエネルギー源である太陽光発電や風力発電は、燃料が無料であり、1kWh発電量の追加に対する追加費用はゼロです。つまり、限界費用がゼロの電源です。

これは、エネルギー以外の分野でも言えます。例えば、書類業務がRPAによって人がいなくてもできるようになっています。つまり、システムさえできていれば、仕事が増えても、増えるコストはサーバ等の電気代くらいで、人件費の増加にはならず、ほぼ限界費用ゼロです。そして、その電気代すらVREであれば、限界費用ゼロになり、完全に限界費用ゼロになります。

限界費用ゼロの社会では、雇用が人でないとできないところや人の方が価値を出せるところにシフトしていき、社会はより発展していくと考えられます。「効率的な社会」とは、端的に言えば、労働時間に対する成果が高い社会です。その社会では、一人ひとりの労働時間は減り、より人生を楽しむことができます。もちろん、仕事が好きで、仕事に打ち込むこともできますが、やらなければいけない単純作業はなくなり、より質の高い仕事が可能になり、仕事による自己実現も得られやすくなります。日本以外の先進国では、所得が年々高くなっていっています。それだけ人が働くこと（労働）の価値が高まっているということです。日本では、所得が上がっていっていないのは、人でなくでもできることをいつまでも人がやっている状態だからです。日本で、仕事の在り方や働き方を見直そうという号令は、だいぶ前から聞きますが、こうした世界の転換を捉えてなく、掛け声だけに終わっているように思えます。限界費用ゼロへのトレンドは、私たち個人にとっても関係が深いのです。

リフキンは、限界費用ゼロ社会の特徴として、分散化という点も挙げています。エネルギーでは、大規模発電所だけでなく、太陽光発電など小規模分散型の発電設備も主力電源として電力供給を担っていくことになります。情報も大手メディアが大衆へ一方的に情報を供給する形から、SNSを通じて、一人ひとりが情報の発信源となれるようになっています。これらのように、世の中の多くのサービスが小規模かつ分散型になってきています。こうした「分散化」というトレンドも、大きく変わっていく社会システムの１つのキーワードであり、社会システムの設計から個人の幸せまで、あらゆることを考える上で、分散化のトレンドについても意識する必要があります。

このように、人類の“限界費用ゼロ社会”への転換を考えていくと、カーボンニュートラルがエネルギーシステムの大転換であり、世界全体の、人類全体の大きな物語を構成する１つの章であることが分かります。カーボンニュートラルをここまで大きくとらえていくことこそがカーボンニュートラルを成功させる鍵だと思われます。

■ エネルギー政策の目的

カーボンニュートラルを考える上で、欠かせないこととして、エネルギー政策が目指す３つの「E」があります。風力/水力/家畜から石炭になった19世紀、石油/天然ガスになった20世紀のいずれの転換も、エネルギー源の転換が利便性の向上にもつながっていました。一方で、21世紀の太陽光/風力への変化は、特に利便性は高まるというものではありません。それでも、転換が進むのは、コストが安いことに加え、世界の至るところで手に入り、枯渇資源でないこと、CO_2排出をしないことが大きな理由です。エネルギー政策にとっては、コストという市場経済で評価されやすい部分だけでなく、エネルギー安全保障と環境持続可能性の２つも加味する必要があるのです。この３つの要素がエネルギー政策の目指すことであり、これら３つをいかに高められるかが、政府の１つの役割と言えます。World Energy Councilという団体は、世界各国のエネルギー政策をエネルギー安全保障（Energy security）、エネルギー公平性（Energy Equity）、環境持続可能性（Environment sustainability）で評価しています（**図 1-2**）。

日本政府もエネルギー政策の目的を「３Ｅ」で整理しています。ただし、World Energy Councilのそれとは少し異なり、経済効率性（Economic efficiency）、エネルギー安全保障（Energy security）、環境（Environment）

図1-2 WORLD ENERGY TRILEMMA INDEX の3つの指標

エネルギー安全保障

ものさし

- 現在と将来の需要に対する供給力
- システムショックに対する備え

範囲

- 国内外のエネルギー資源のマネジメントの有効性
- エネルギーインフラの信頼性と強靭さ

エネルギー利用の公平性

ものさし

- 需要に対し、確かで、手ごろな価格で、豊富なエネルギーへのユニバーサルアクセス

範囲

- 電力とクリーンな厨房燃料へのアクセスと技術
- 繁栄可能なレベルのエネルギーの量と価格

環境の持続可能性

ものさし

- 環境劣化や気候変動を防止する能力

範囲

- 発電と送電の生産性と効率
- 流通と脱炭素と大気汚染

出典：WEO「WORLD ENERGY TRILEMMA INDEX」https://trilemma.worldenergy.orgを自然電力が翻訳

になっています。「経済効率性」と「エネルギー公平性」という違いです。両者とも安くエネルギーを利用できるという点では同じですが、後者にはより多くの人が安全なエネルギーにアクセスできるという要素も入っています。これは、海外では煮炊きに薪を利用して、それが宅内に充満し、健康被害も出ているようなところも少なくありません。安全で衛生的なエネルギーへのアクセスは重要な点ですが、日本ではすでにほとんどの家庭に安全で衛生的なエネルギーが供給されているため、経済効率性だけになっているというもので、World Energy Councilとエネ庁の３Eは、基本的には同じ内容になっています。

エネ庁による「S＋3E」の説明では、「安全性（Safety）を大前提とし、自給率（Energy Security）、経済効率性（Economic Efficiency）、環境適合（Environment）を同時達成するべく、取組を進めています（S＋3E）。日本は資源に恵まれない国です。すべての面で優れたエネルギーはありません。エネルギー源ごとの強みが最大限に発揮され、弱みが補完されるよう、多層的なエネルギー供給構造を実現することが不可欠で

図1-3　WORLD ENERGY TRILEMMA INDEXの世界ランキング

World Energy Councilによる日本の3E評価。128の国のうち総合23位。
エネルギー安全保障の評価が著しく低いのが特徴。

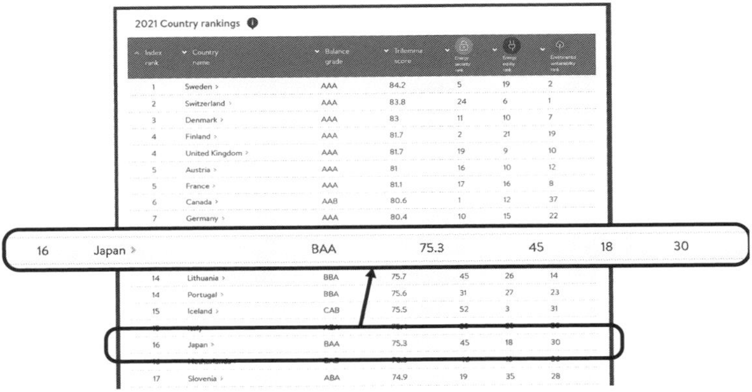

2021 Country rankings

Index rank	Country name	Balance grade	Trilemma score	Energy security rank	Energy equity rank	Environmental sustainability rank
1	Sweden	AAA	84.2	5	19	2
2	Switzerland	AAA	83.8	24	6	1
3	Denmark	AAA	83	11	10	7
4	Finland	AAA	81.7	2	21	19
4	United Kingdom	AAA	81.7	19	9	10
5	Austria	AAA	81	16	10	12
5	France	AAA	81.1	17	16	8
6	Canada	AAB	80.6	1	12	37
7	Germany	AAA	80.4	10	15	22
16	Japan	BAA	75.3	45	18	30
14	Lithuania	BBA	75.7	45	26	14
14	Portugal	BBA	75.6	31	27	23
15	Iceland	CAB	75.5	52	3	31
16	Japan	BAA	75.3	45	18	30
17	Slovenia	ABA	74.9	19	35	28

⇒日本のエネルギーの状況は、世界的に見て、良いとは言えない。

出典：WEO「WORLD ENERGY TRILEMMA INDEX」https://trilemma.worldenergy.org（閲覧日：2022年7月24日）
※表示は16位だが順位に重複があり、実際には23位

図1-4　WORLD ENERGY TRILEMMA INDEX

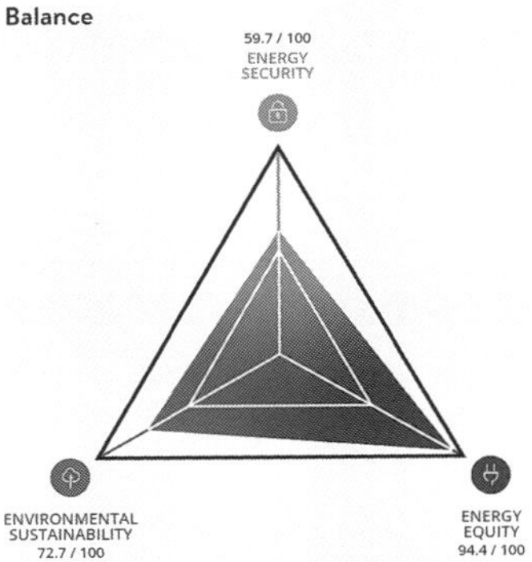

⇒日本にとっての脱炭素化は、エネルギー安全保障対策という意味合いの方がより重要。

出典：WEO「WORLD ENERGY TRILEMMA INDEX」https://trilemma.worldenergy.org（閲覧日：2022年7月24日）

す」とあります。まさにそのとおりだと思われます。とはいえ、政府の審議会の議論等を見ていると、経済効率性だけが優先されているような気もします。この点は、第５章で考えていきたいと思います。

話をWorld Energy Councilに戻して、日本に対する評価を見ていきたいと思います（**図 1-3、1-4**）。

日本の評価ですが、エネルギー安全保障：18点、エネルギー公平性：45点、環境持続可能性：30点となっており、総合ランキングは23位に位置しています。エネルギー公平性は高いものの、エネルギー安全保障の評価が低くなっています。これは、一次エネルギーのほとんどを海外に依存しているためです。このように、第三者の評価においても、日本のエネルギーにおける課題は、エネルギー安全保障が一番大きいということになっています。エネルギー安全保障が低い状態にあるということは、有事等によって、エネルギーが利用できなくなる可能性が高いということです。それを想像している日本の人は少ないかもしれませんが、将来、日本産業が相対的に競争力を失っていけば、何かあったときに石油や天然ガスを購入する力もなくなることは想像に難くありません。私たち自然電力は、気候変動への問題意識をきっかけに再エネ事業を始めましたが、もし日本という国に言うことがあるとしたら、「エネルギー安全保障のために再エネを最速で導入していきましょう！」と言いたいです。

■ カーボンニュートラルの電源、再エネと原発

CO_2排出を伴わないエネルギー源で現在実現している技術には、再生可能エネルギーと原子力があります。念のため申し上げておきますが、自然電力は、原子力発電を否定しません。高度経済成長期以降に重要な電源となってきたのは事実ですし、エネルギー資源が乏しい日本においては、エネルギー安全保障上重要な役割を果たしていると思います。一方で、放射性廃棄物の処分場や事故が起きた際の影響という問題やリスクも存在します。この便益とリスクのバランスを鑑みて、社会全体とし

図1-5　日本のカーボンニュートラルへの3ステップ

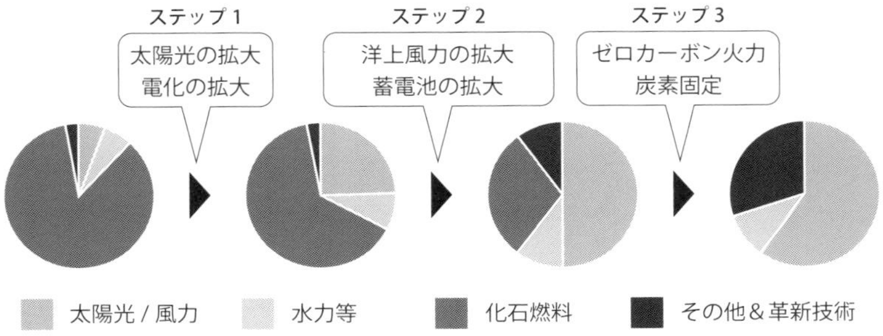

出典：自然電力作成

て意思決定をしていくことが重要と思います。私たち自然電力として、ただ1つ言えることは、放射性物質の問題もなく、完全な国産エネルギー源となり得るものの、日本ではまだマイナーな電源である再エネを増やしていきたいということです。私たちは、再エネをより持続可能なエネルギー源だと考え、再エネを増やしていくことを私たちの使命としています。こうした弊社の考え方から、本書では、再エネでどこまでエネルギーを供給できるのかという弊社独自の分析結果を紹介しつつ、原子力発電については中立的に考え、電力需給バランスの計算などで原子力がある場合とない場合の両論で示していきます。

カーボンニュートラルには、まだ技術が確立していない革新技術も必要です。ただ、自然電力は技術開発の会社ではないので、本書では深堀りしていきません。**図1-5**は、日本のカーボンニュートラルへの道筋のイメージですが、本書では技術革新を含まないステップ2までを中心に考えていきます。

再エネの中でも、ポテンシャルの大きさとコスト低減の面で、基本的には、太陽光発電と風力発電を中心に考えていきます。バイオマス発電も水力発電も地熱発電も、その他の自然エネルギーも再生可能エネルギーですが、それらで人類全体のエネルギー需要を賄うことは困難です。太陽光発電と風力発電は、その年間発電量だけ見れば、人類全体の需要を十分にカバーできるだけのポテンシャルがあります。

一方で、太陽光と風力は、発電量が日射量や風速によって変化してしまう、需要に合わせて発電ができない、という課題があります。自然変動電源（Variable Renewable Energy、以下「VRE」と言います）と言われている所以です。太陽光と風力でカーボンニュートラルするのであれば、エネルギー需要をすべて電気に変える必要がありますし、需要に合わせて電力が使えるように蓄電池を導入するなどの取組も必要になります。火力発電所を太陽光発電所や風力発電所に置き換えるだけではだめで、需要側も含めたエネルギーインフラの構造転換が必要になるのです。そこで、本書では、太陽光発電と風力発電の拡大と併せて、電化拡大と蓄電池拡大も検討します。この太陽光/風力+電化+蓄電池でどこまでのCO_2排出量削減が可能なのか考えていきたいと思います。

■ 再エネへの2つの疑念

日本の多くの方は、再エネに対して、2つの疑念を持っています。それは「高コスト」と「不安定」の2つです。

高コストについては、確かに現時点の日本では“高コスト”です。でも、未来は違います。日本でも、VRE（太陽光発電と風力発電）の発電コストについては、火力発電の発電コストレベルかそれ以下の案件も出てきていますし、LNG燃料費程度までの削減も可能です。

ちなみに、世界では、VREが火力発電の燃料コストよりも小さくなっている地域がすでに多く存在しています。VREの発電コストが化石燃料費より低いということは、火力発電所がある状況でVRE発電所を増やしても、VRE発電所のコストが上がる以上に、火力発電所の燃料費が下がるので、全体として発電コストは安くなるということになります。そうなれば、VREは増やした方が経済合理的ということになります。

不安定性についても、現時点では不安定な存在です。ただ、それは、現在のVRE発電が一般送配電事業者にとって制御できないものとして位置づけられているからです。制御可能にすれば、大きな問題にはなりません。具体的には、VRE発電所の出力をデジタル技術で制御できるようにし、蓄電池（電気自動車（EV）含む）やヒートポンプ給湯機などの需要側設備で需要も調整することで、短時間の需給バランスを取ることが可能です。問題は、長周期の変動に対して、VREや蓄電池では対応が困難であるということです。特に、VREは年によって、発電量が異なります。ただ、新型コロナでの世界的な経済活動の不安定化以降、化石燃料の調達も不安定な要素となっています。つまり、長周期の調整力については、その原因や性質は大きく違うものの、VREも火力発電も不安定性を持っているということになります。

■ 世界の常識は、日本の非常識

第2章では、“カーボンニュートラル前編”を理解する上で、世界のトレンドを説明します。第2章での具体的な話の前に、全体の理解のため、エネルギーに関する世界のトレンドを説明します。
「世界の常識は、日本の非常識」は、VREに限った話ではなく、エネルギー以外も含め、多くの機会で感じます。自然電力の会社の特徴に「グローバル＆ローカル」があります。自然電力グループのクルー（従業員のこと。自然エネルギー100％の世界を目指す同じ船に乗った乗組員という意味）約300名のうち2～3割は、国籍が海外になり、その国は30か国以上に及びます。また、海外企業とのコラボレーションも多く、太陽光の建設ではドイツのjuwi社、小水力発電設備ではオーストリアのgugler社、洋上風力発電ではNorthland Power社及びSwancor Renewable Energy社と提携して、国内の事業を進めています。これらの企業とは、日本より優れた技術やノウハウを取り入れるためにパートナーを組んでいます。

私たちは、常に視野を世界に向けるように意識しています。FIT制度でのビジネスにうまく乗れたのも、すでにFIT制度が導入されていた他国のビジネスモデルを学び、どこが収益の鍵なのか理解できたからです。日本におけるビジネスは、先行する諸外国の状況を学び、諸外国と日本との違いも理解した上で、日本を自然エネルギー100％に近づけるためにできるビジネスを考えています。

そのような中、私たちは、世界で言われていることと日本国内で言われていることに違いがあることにしばしば気付きます。そこが自然電力のビジネスチャンスです。例えば、日本でFIT（固定価格買取制度）が導入されたときの日本での発電所建設コストと、海外での発電所建設コストには大きな差がありました。欧州では、送電線の設備容量を超えて、電源を接続することが可能でしたが、日本では無理でした（「ノンファーム型接続」と言いますが、日本でも導入することが決まりました）。日本に暮らす私たちが、後世により良いエネルギーシステムを残していくためには、日本国内のことだけを見て考えるのではなく、世界で起きていることを見る必要があると思います。

第１章 まとめ

社会の構造転換

話は広がってしまいましたが、第１章で伝えたかったことは、カーボンニュートラルとは、地球温暖化対策に留まる話ではなく、100年に１度の、いや、もしかしたら産業革命以来の大きな社会の構造転換の一端であり、これが、国にとっては自国の競争力に、企業にとっては自社の競争力に、個人にとっては自分の競争力（仕事のやりがいや収入などにつながる）に直結してくるということです。

人間社会は、様々な側面で成長し続けています。それは、より幸せになりたいという一人ひとりの願望とそのための行動の結果だと思います。19～20世紀に物資的に豊かになった私たちは（もちろん、今でも物質的に豊かでない方は多くいます）、次に、持続可能な社会を目指し始めています。特に、この物質的な豊かさをもたらしたのは、化石燃料の利用です。しかし、化石燃料は有限で、地球温暖化も招く、持続不可能なエネルギー源です。このままでは、化石燃料が枯渇して私たちの子や孫がエネルギーを十分に利用できなくなったり、地球温暖化による異常気象によって多くの被害が出てしまったりして、未来の世代に不幸をもたらすのです。私たちは、そんな不幸が生まれないように、社会を変えていきたいのです。

カーボンニュートラルは、人類の進化の１つの過程なのです。

第2章

世界のトレンド

カーボンニュートラル前編の具体的な内容を考えていく前に、第２章では、世界で起きている以下の６つのトレンドを紹介します。

６つのトレンド

- 太陽光発電・風力発電のコスト低下
- 蓄電池のコスト低下
- デジタル化（DX）
- 熱利用と移動の電化
- 自動化/無人化
- 分散化

この６つのトレンドは、前半３つの“技術トレンド”と後半３つの“社会トレンド”に整理できます。３つの技術トレンドとすでに技術確立しているヒートポンプ技術などを合わせた技術の発展が、３つの社会トレンドを生み出しています。

これらのトレンドから言えることは、カーボンニュートラルが温暖化対策として、頑張ってやるものではなく、社会の構造転換の一端であり、社会の自然な流れだということです。日本では「コストアップになって、経済に悪い地球温暖化対策をどこまでやる必要があるのか」という考え方に陥りがちですが、その考え方は古いです。この10年で大きく世界の状況は変わりました。それが、この章で説明する６つのトレンドなのです。

■ 太陽光・風力発電コストの低下

太陽光発電と風力発電に関して、その発電コストが大幅に下がっている事実を知っている日本の方は少ないかもしれません。**図 2-1** は、世界平均での太陽光と風力の発電コストの推移です。これを見て分かるように、太陽光発電と風力発電(陸上と洋上)は、他の再エネのコストが下がらない中、2010年からの10年間で、大幅にコストダウンしています。具体的には、太陽光発電は、2010年に 1 kWh 当たり41.9円だったのが、2020年には6.37円と、85%のコストダウンになっています。風力発電については、陸上は56%、洋上は48%と大幅なコストダウンになっています。**図 2-2** は、世界全体での電源種別ごとの発電コストの比較ですが、太陽光や風力の平均値が50ドル/MWh(1 kWh 当たり5.5円)となっており、火力発電コストの平均値(石炭:90ドル/MWh、天然ガス:70ドル/MWh)よりも安くなっています。

世界全体では、イメージが具体的に持ちにくいので、米国と欧州での電源ごとの発電コスト比較も見てみましょう(**図 2-3** と **図 2-4**)。米国では、太陽光(ユーティリティスケール)や風力の発電コストがそれぞれ32～44ドル/MWh、28～54ドル/MWhとなっており、火力発電(天然ガスのコンバインドサイクル発電)の44～68ドル/MWhよりも安くなっています。欧州でも、太陽光発電や風力発電の発電コストが火力発電の発電コストと同程度かそれ以下になっています。そして、太陽光発電や風力発電の最も安い案件では、火力発電の燃料費レベルまで下がっています。

このように、欧米では、太陽光や風力の発電コストが火力発電の燃料費レベルとなってきています。これは、電源構成において大きな意味を持ちます。VREの発電量は、日射量や風速に依存しており、需要に合わせて発電できません。一方で、VREは燃料が不要なので、燃料費がかかる他の電源に比べて、発電を優先させるのが経済合理的です。つまり、系統全体の需要量に対し、VREの発電量を当てて、それで足りない分を他の電源で補うという考え方になります。このとき、VREは発電してい

図2-1　太陽光発電と風力発電のコスト低下

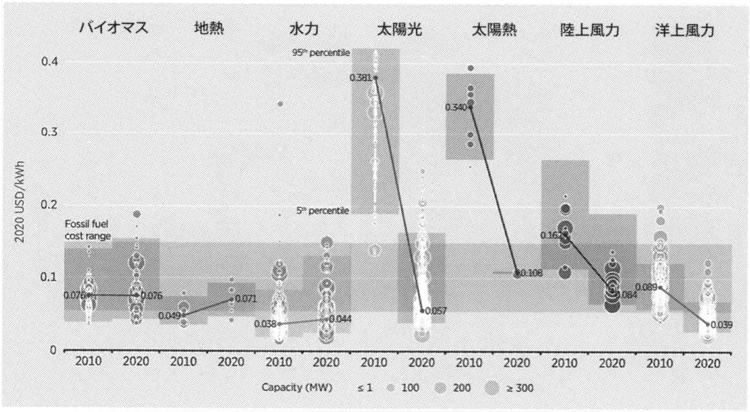

出典：「RENEWABLE POWER GENERATION COSTS IN 2020」IRENA
https://www.irena.org/-/media/Files/IRENA/Agency/Publication/2020/Jun/IRENA_Power_Generation_Costs_2019.pdf より引用

図2-2　世界の電源別発電コストの比較

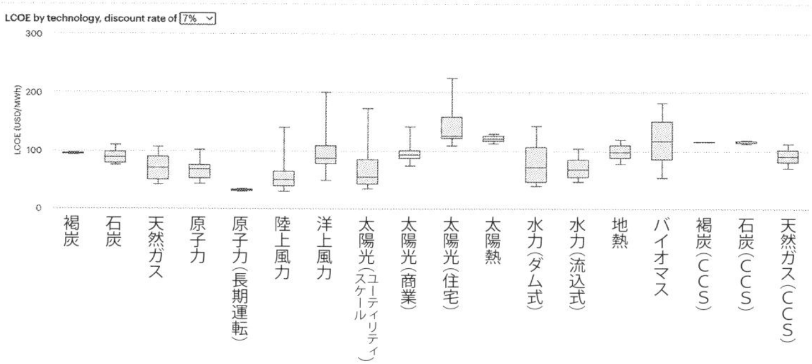

出典：「RENEWABLE POWER GENERATION COSTS IN 2019」IRENA
https://www.irena.org/-/media/Files/IRENA/Agency/Publication/2020/Jun/IRENA_Power_Generation_Costs_2019.pdf より引用

図2-3　米国での電源ごとの発電コスト

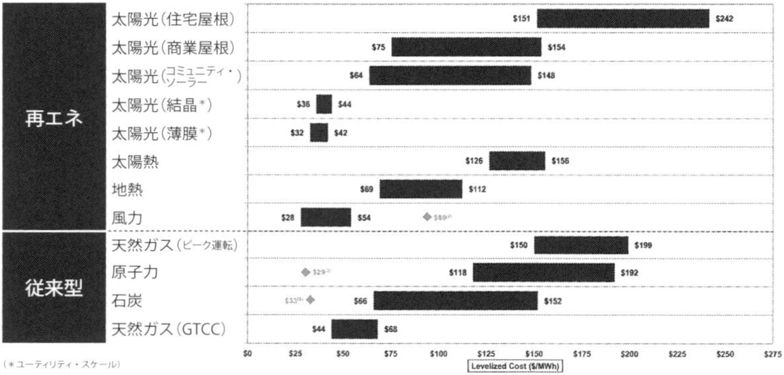

（＊ユーティリティ・スケール）

出典：LAZARD'S LEVELIZED COST OF ENERGY ANALYSIS — VERSION 13.0 より引用

図2-4　欧州の電源ごとの発電コスト

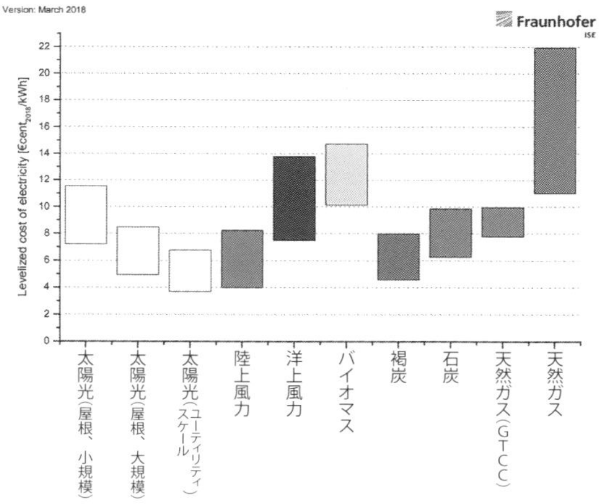

出典：「LEVELIZED COST OF ELECTRICITY RENEWABLE ENERGY TECHNOLOGIES」Fraunhofer ISE より引用

ないときもあるので、火力発電などの電力が欲しいときにその需要量に合わせて発電できる電源がどうしても必要です。電源は、それを建設して、維持するだけでもコスト(固定費）がかかります。よって、いくらVREの発電コストが火力発電より下回ったからといっても、火力等の発電所は不要にはならないので、社会全体でのコストは、下がらないのです。

しかし、VREの発電コストが火力発電の燃料費レベルになると話は変わってきます。火力発電等の固定費は、どちらにせよ必要なのですが、VREの発電コストが火力発電の燃料費より安いので、火力発電所の固定費に関係なく、VRE発電を増やした方が、全体での発電コストも下がる可能性があるのです。ただし、VREを増やしすぎると、その発電量が需要量より多くなり、出力を制御する必要が出てきて、その結果、VREの稼働率が落ちて、１kWh当たりのVRE発電コストが上がってしまいます。逆に言えば、VRE発電コストが火力の燃料費になるところまでは、実はVREを増やしても全体の発電コストは上がらないのです。もし、VREと火力発電で、経済効率性が同じだとしたら、火力発電にはエネルギー安全保障や気候変動のリスクがあるので、VREを選ぶのが経済合理的です。このように、欧米で太陽光発電や風力発電が増えているのは、経済合理的だからなのです。地球温暖化対策のためという理由もあるかもしれませんが、主たるドライバーは、経済合理性です。

次に日本でのコストを見てみましょう。日本では、すでに太陽光の発電コストは、火力発電コスト以下になっています。例えば、2021年度の太陽光のFIT入札制度では、落札価格は、10～11円/kWhとなっています。これは発電事業者の利益も含まれているので、発電コストはこれよりも低い8.5～9.5円/kWhとなりますので、火力発電所(LNG、石炭）の発電コストより十分に安い水準です。さらに言えば、FIT買取期間の20年よりも長い期間発電させることが可能で、世界的には太陽光発電事業は、30年というのが常識になっています。資本費を支払い終わったあとの太陽光発電所にかかるコストは、設備容量１kW当たり２～３千円程度ですので、11～20年目の発電コストは、２～３円/kWhとなります（発電量1,000kWh/kWとした場合)。この単価と1～20年目の8.5～9.5円/kWhを合わせて平均すると、6.3～7.3円/kWhとなります。これは、日本のLNG燃料費レベル(2021年当時)であり、日本でも太陽光発電の最も安い発電コストは、LNG燃料費レベルまで下がっているのです。

しかしながら、日本では「太陽光も風力もコストが高い」という認識が一般的です。それは、今現在、建設されている案件ではコストが高いのは事実だからです。日本では、一部でトップランナー的に安い発電コストを実現している発電所がある一方で、全体としては、太陽光発電所の建設コストが高止まりしています。この原因は、日本の制度にあります。再エネ普及のために導入された固定価格買取制度(FIT:Feed In Tarif)において、最初の買取単価が高すぎたこと、経済産業省の認定を受ければ、その認定時の買取価格がいつまでも維持できる制度であったという制度設計が原因で、高い買取単価の権利だけを確保しておき、後から建設していくというやり方が横行してしまいました。自然電力もそれを行った事業者の1つですが、上述の制度設計であったため、とにかく太陽光発電所が建設できそうな土地を押さえて、電力系統との接続の権利も確保していかないと発電所が作れなかったのも事実です。こうした発電所は、高い買取単価を前提に、発電所建設でも造成費用などのコストがかけられるので、日本での建設単価は、高いままとなっているのです。また、高い単価で適地が一気に使われてしまい、残った土地の条件が悪いことや、建設業者にとっては、他にも公共事業など仕事は十分にあるので、コスト削減してまでやろうとしていない、ということもコストが高止まりしている要因です。

日本における風力発電のコストも見ていきましょう。風力発電は、大きく陸上と洋上に分けられます。**図2-5**のとおり、現状は、陸上で19.8円/kWh、洋上で30.0円/kWhと、火力の発電コストに比べて、かなり大きいものとなっています。ただし、洋上風力については、欧州で最新の案件では7～8円/kWhというコストまで下がっており、日本においても、陸上よりも洋上の方が発電コストを下げられる可能性があります。

図2-5　発電コストの比較(2020年に新設した場合)

電源	石炭 火力	LNG 火力	原子力	石油 火力	陸上 風力	洋上 風力	太陽光 （事業用）	太陽光 （住宅）	小水力	中水力	地熱	バイオマス （混焼、5%）	バイオマス （専焼）	ガス コジェネ	石油 コジェネ
発電コスト （円/kWh） ※（ ）内は 政策経費なしの値	12.5 （12.5）	10.7 （10.7）	11.5～ （10.2～）	26.7 （26.5）	19.8 （14.6）	30.0 （21.1）	12.9 （12.0）	17.7 （17.1）	25.3 （22.0）	10.9 （8.7）	16.7 （10.9）	13.2 （12.7）	29.8 （28.1）	9.3～10.6 （9.3～10.6）	19.7～24.4 （19.7～24.4）
設備利用率 稼働年数	70% 40年	70% 40年	70% 40年	30% 40年	25.4% 25年	30% 25年	17.2% 25年	13.8% 25年	60% 40年	60% 40年	83% 40年	70% 40年	87% 40年	72.3% 30年	36% 30年

（注１）グラフの値はIEA「World Energy Outlook 2020」の公表済政策シナリオの数値を表示。コジェネは、CIF価格で計算したコストを使用。

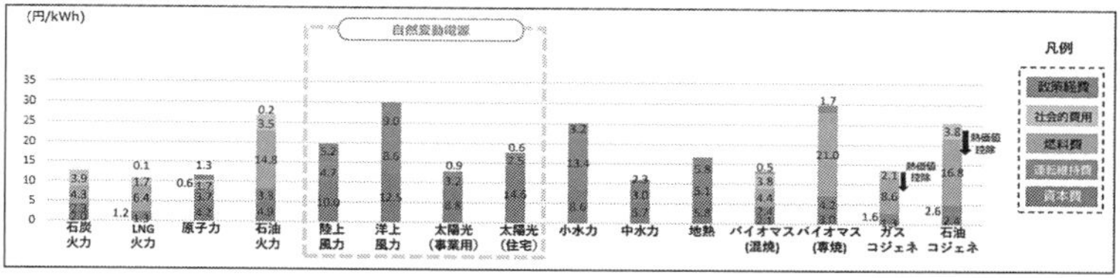

【注意】この試算は、自然変動電源の出力制御を見込まず、火力発電の設備利用率を70%に置くなどの前提があり、実際のコストではなく、このコストで電源間を単純に比較できるものでもない。

出典：経済産業省「基本政策分科会に対する発電コスト検証に関する報告」より引用

日本は、欧米と比べ陸地の起伏が大きく、風速が安定した場所が少なく、年間発電量が少ないためにどうしても発電コストが上がってしまいます。一方で、洋上は安定かつ強い風が吹いています。また、洋上での建設は、風車の大きさの制限が陸上よりも小さく、大型の風車が建設可能です。風力発電は、大きさの２乗に比例した発電量が得られます。一方で風力発電設備にかかるコストは、大きさの２乗ほどは大きくなりません。つまり、大型化すればするほど、設備コストに対する発電量が大きくなり、事業性が高まるのです。

では、日本では、太陽光と風力の発電コストはどこまで下げられるのでしょうか。

まず、太陽光発電ですが、前述のとおり、太陽光の発電コストは、現時点で６～７円/kWhまで下がっています（**図 2-5**）。しかしながら、それは、開発コストがほぼかからず、排水整備が不要で、造成工事も連系工事負担金も不要といった、そんな好条件での案件のケースであり、その条件で実現できる場所は限られます。日本で、今後、100～200GW

の導入量を図っていくのであれば、それよりも高いコスト水準で考える必要があります。私が全国各地での開発をした感覚ですと、イニシャルコストに追加で2万円/kWを見込む必要があると思います。ここから、日本の太陽光の発電コストを算出すると、7～8円/kWhとなり、これは、LNG燃料費よりも少し高いものの、LNGが今後も安定的に調達できるか分からないというリスクを鑑みれば、経済合理的な範囲で太陽光発電が選択される水準と考えられます。よって、太陽光発電のコストは、化石燃料のリスクも鑑みれば、経済合理的な水準にきていると言えます。しかし、太陽光発電設備の拡大にはコスト以外の課題もありますし、LNG等の化石燃料のリスクが市場に反映される仕組みもなく、現状では、太陽光発電が継続的に拡大していく環境にはなっていません。この課題をどのように解決していくのかは、第5章で考えていきたいと思います。

洋上風力は、日本でも洋上風力で将来的に7～8円/kWhも可能だと思われます。積み上げで計算はできていませんが、政府が将来の導入量を決め、その導入量の建設に必要なインフラを整えて、それを長期間(30年以上)使うことで、可能になると考えられます。日本は、欧州のように海底が浅い海域が狭く、大量導入しようとすると、どうしても浮体式洋上風力も必要になります。浮体式は、現時点においては、着床式に比べ大幅にコストが高くなっています。しかし、浮体式は、逆に着床式よりも安くできる可能性もあります。まず、水深の制約を受けないので、風速の高いところで事業が可能になります。浮体の建設も、現在は、船建造のドッグで人が手作業で溶接して作りますが、洋上風力の浮体専用の工場ができ、大型機械で効率的に製造できれば、大幅に安くできるかもしれません。

このように、日本でも太陽光と風力を8～9円/kWhのコストで普及拡大できると考えています。これは、LNG火力の限界費用(6～9円/kWh)よりも高いものの、今後ますます高まっていく化石燃料の価格変動リスクを鑑みれば、決して経済的に非効率な選択肢だとは言えないと思います。こうした認識は、旧一電の経営者もすでに持ち始めているのではないでしょうか。ほとんどの旧一電は、重要な事業の一部として、再エネを位置づけ、再エネ導入目標を持っています。近い将来、日本においても、太陽光と風力の発電コストが火力発電の燃料費レベルになり、太陽光と風力が電源の中心になるという理解がそこにはあるのです。

■ 蓄電池のコスト低下

電気を蓄えることのできる蓄電池には多くの種類がありますが、ここでは、利便性も高く、最もコストダウンが進んだリチウムイオン電池を取り上げて紹介します。

リチウムイオン電池の価格は、この10年で5分の1となっています。**図2-6**は、車載用電池の価格推移ですが、家庭用や産業用も同じようにコストが下がっています。リチウムイオン電池は、その高い性能(エネルギー密度や充放電能力など)から、PCや携帯電話などの小容量向けには、20年くらい前から商業ベースで普及し始めました。こうした小規模で付加価値を出しやすいところから、製品として普及し、技術の進歩も起こったことで、蓄電容量(kWh)当たりの製造コストが減少したのです。

オーストラリアは、雨や曇りが少なく、日射量が高いこともあり、太陽光発電と蓄電池を組み合わせたシステム(以下「PVS」と言います)が普及しています。その結果、家庭用蓄電池のコストダウンが進んでおり、**図2-7**のとおり、オーストラリアで最も安い家庭用蓄電池の価格は、蓄電池容量1kWh当たり55千円になっています。一方で、日本の蓄電池は、1kWh当たり150〜200千円と、オーストラリアよりも約3倍も高いのです。オーストラリアと日本の家庭用蓄電池は、中身のモノはほぼ同じです。だいたいは中国で製造されていますが、その中国での家庭用蓄電池の価格を見てみると、例えば、10kWhの蓄電池ユニットが28万円、8kWのハイブリッドインバータ(太陽光発電のインバータも兼ねた製品)で18万円という製品があります(1ドル＝110円で計算)。製品としては、日本だからと言って特別に高くなる要素はありませんので、日本でも家

図2-6　蓄電池のコスト減少（車載用リチウムイオン電池パックの価格推移）

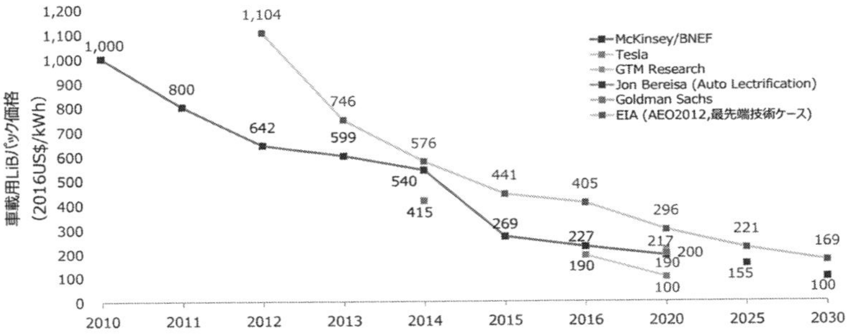

出典：https://www.meti.go.jp/committee/kenkyukai/energy_environment/saisei_dounyu/pdf/001_03_00.pdf
より引用

図2-7　オーストラリアでの家庭用蓄電池価格

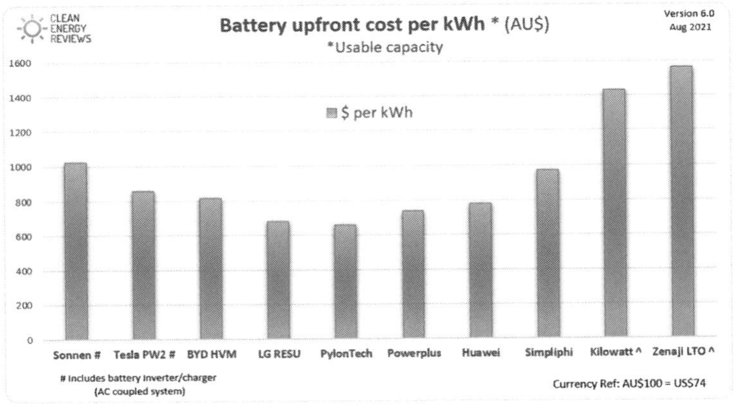

出典：CLEAN ENERGY REVIEW
https://www.cleanenergyreviews.info/blog/home-solar-battery-cost-guide より引用

図2-8　蓄電池が持つ価値

価　値	概　要	発電所	系統	需要家
タイムシフト（kWh）	自家発電や卸電力取引価格に合わせて充放電する。	○	○	○
需給調整（ΔkW）	系統に調整力を提供する。	○	○	○
容量（kW）	供給力を容量としての価値で提供する。	○	○	○
ピークカット	契約電力を下げて、電気料金等を下げる。	○	－	○
熱容量制約	系統の熱容量制約で接続が制約されるところに、蓄電池を設置することで接続できるようにする。	○	－	○
使用電力の再エネ率向上	蓄電池で電力の自給率を高めたり、再エネ発電時以外でも再エネ電力を使えるようにする。	○	○	○
自立運転／自給率の向上	系統停電時でも電気が使える。エネルギーの自給率を高める。	－	－	○

出典：自然電力作成

庭用蓄電池を50～60千円/kWhにしていくことは可能です。

日本での家庭用蓄電池が高い理由は、新築時にハウスメーカーが富裕者向けに設置しているケースと訪問販売が高くても買ってくれる人を見つけて販売しているためです。日本人は、他の先進国に比べ、家電に多くのお金を使う傾向にあり、蓄電池も世界基準の価格より高くても買っているという状態になっています。ただ、テスラのように海外メーカーの直接販売も出てきています。太陽光発電の10年の固定価格買取が終わった家庭の多くが、安い蓄電池が出てくるのを待っていると言われているため、誰かが安い蓄電池を売り出し始めたら、一気に普及する可能性があると考えられます。

蓄電池の価格が30千円/kWhの水準になると、蓄電池利用で採算性が得られるようになります。具体的には、毎日１回充放電をして、15年間使えば、1kWhの充放電でかかるコストは、6円/kWh程度になります。

太陽光発電コストが7円/kWhとし、その7割を充放電したら、合計で約11円/kWhです。これは、石炭やLNG火力の発電コストと同レベルです。さらに需要側で太陽光発電と蓄電池を組み合わせて使えば、託送料金分も経済メリットになります。電気代が比較的高い家庭では、日射条件の良い屋根があれば、PVSからの電力の方が、系統の電気より安いことにもなります。

蓄電池は、充放電によって、様々な価値を生み出すことができます。また、蓄電池の設置場所は、大きく分けて発電所、系統、需要家の3つに分けることができます。**図2-8**にその価値と設置場所について整理しました。

リチウムイオン蓄電池は、短時間の調整が得意です。逆に言うと数日とか数か月といった長い時間の調整には不向きです。機能としてはできるのですが、蓄電池の稼働率が下がり、充放電1kWh当たりのコストが上がってしまいます。そこで、需要の周期であり、太陽光発電の周期でもある1日の中での調整力を担うことが合理的と考えられます。蓄電池を1日周期で使うことによって、現在の1日の電力残余需要の振れ幅を小さくすることができ、日中の太陽光電力を夕方以降の需要の高い時間帯に有効利用できるようになります。

蓄電池は、1000分の1秒という単位で出力を変化させられますので、火力発電にはできないような短時間での制御も可能です。例えば、半日停止していた温かい状態の石炭火力発電所であっても、出力を0%から100%まで上げるのに数時間がかかりますが、蓄電池であれば、一瞬で0%から100%に出力を上げられます。一方で、蓄電池はSOCが無くなれば、放電できなくなりますが、火力発電は燃料があれば、発電し続けられます。つまり、需給調整は、短周期には蓄電池、長周期には火力を使うのが合理的と考えられます。この短周期の部分を調整力として系統に供給しつつ、卸電力取引価格に合わせて、1日以下の長周期で調整することで、1つの蓄電池を使って、2つの収益が出せるようになります。これが基本的な蓄電池の利用方法となります。

また、蓄電池は、災害等で電力系統が停電したときにも使え、レジリエンスとしての価値もあります。日本で数百万円の家庭用蓄電池が年間10万台以上も売れているのは、この価値を重視しているからと考えられます。ただ、それらの蓄電池は、系統の需給バランスに応じた充放電はしていないので、宝の持ち腐れです。系統側の需給バランスに応じた充放電を促すような仕組みが必要です。

■ デジタル化（DX）

技術的なトレンドとして、エネルギーに大きな影響を与えていることにデジタル化があります。デジタル化は、エネルギーに限らず、社会のあらゆるところに大きな影響を与えていますが、エネルギーも例外ではありません。発電所の運転も検査も、小さい発電設備の制御も、VREの発電予想も、電力取引の最適化もデジタル技術によってできるようになっています。ここでは、デジタルがエネルギーにもたらすこととして、特にカーボンニュートラルを考える上で重要ないくつかを挙げていきたいと思います。

まず、発電ですが、火力発電所や水力発電所の発電機は、発電機の回転数で50Hzや60Hzという周波数の電力の波（正弦波）を作っています。これはアナログな滑らかな曲線です。一方で、太陽光発電や風力発電は、インバータという機器によって、デジタルに周波数を作っており、その曲線は階段状になっています。階段状と言っても、1000分の１秒の単位での話であり、また、多数のインバータの波が重なるため、実質的には回転機でつくる正弦波と同じように滑らかになります。インバータは、太陽光発電パネルで作られる直流の電気を交流電気に変える装置です。日本語で「逆変換装置」と言いますが、もともと電力系統の交流電気を直流に変換したいことが多く、その機械をコンバータ（Converter；変換装置）と言い、直流から交流は、その逆なので、逆にするという意味のインバータ（Inverter）という名前になっています。インバータは、直流の電気を半導体のスイッチ機能を使って交流の形にしています。インバータの特徴として、電圧も電流も周波数も自由自在につくることが可能です。風力発電は、回転して電気をつくる機械ですが、系統と同じ周波数をつくるために発電した電気を一度直流にしてから、太陽光発電と同じようにインバータで交流にしています。なお、発電だけでなく、今は電気を使う側でもインバータを使うケースが増えています。特に電動機(モーター)にインバータを使うことで、電圧と回転数を自在に変え、常に一番高い効率で設備を動かすことが可能になっています。この20年くらいでエアコンのエネルギー効率が向上していますが、これはインバータ制御による効果が大きいのです。

インバータの自由自在に電力を作る機能を使うことで、VREの問題点を解決することも可能です。分散電源で太陽光や風力の今は、ただ系統に電力を流せるように周波数をつくっているだけですので、日射量と風速に応じて、変動のある出力となっています。これをインバータの自在に電力を作れる機能を使って、出力変動が小さくなるように、出力が高すぎるところをカットすることが可能です。こうした運転を最大出力制御と言いますが、これを使うことで、VREが発電しすぎることを防止することができます。宮古島では、実際にこうした機能を使い、従来は発電しすぎになってしまう恐れから設置できなかった太陽光発電設備を設置できるようにしています。全国的には、将来的にVRE発電所には出力最大制御機能が義務化されていきますので、VREが発電しすぎる場合でも制御できるようになります。

VREの長周期の変動については、気象予報の活用で解決が可能になります。気象予報自体がかなりの技術進化をしており、細かい予報ができるようになっています。その予報データを自動で読み取り、VREの発電量を自動的に予想して、それを需給運用やVRE出力制御に使えるようになっていくと考えられます。日本では、VREはお天気任せでやっかいな電源と認識されていますが、欧州では、発電量は予想できるし、リアルタイムでの調整もできるので、やっかいな電源とは認識されていないようです。

電力系統もデジタル化が進むと考えられます。電力系統のデジタル化によって、系統の運用を動的にできるようになります。従来、系統は、その設備を整備する際に、最大値を前提に設計して、それ以下の範囲で使うという運用でした。よって、新規の太陽光発電設備を系統接続したい場合、その発電設備によって、系統に流れる電流が最大値を超える場合は、追加投資して新しい設備を整備する必要があったのです。しかし、太陽光発電設備の出力が最大になるのは、年間でも数日です。そのためだけに投資するのは費用対効果が合いません。そこで、系統設備の容量を超えないように、動的に制御をすることが考えられます。太陽光発電の場合では、その発電出力が高くなり、系統の設備容量を超えそうになったら、発電出力を制御するという方法になります。

送電線に流せる電流自体も動的な運用によって、増やすことが可能です。ダイナミック・ライン・レイティング(Dynamic Line Rating) という技術があります。これは、送電線に流せる電力が送電線の温度で決まることから、送電線に温度センサを取り付け、リアルタイムで測定して、そのときに流せる最大の電力を流して、送電設備を最大限活用するというものです。欧州では実用化していますし、日本でも東京電力パワーグリッドが実証を行っています。現在は、１年で一番温度の高い日に、最も送電線が汚れた状態で、１年で一番強い日射が当たるという前提で計算された値を送電線の容量と決めています（一般送配電事業者によっては、季節別で計算しているところもあります)。安全性を担保しないといけないことは理解できますが、ほぼあり得ない前提になっています。これを温度センサと通信技術によって、安全性を担保しながら、最大限電力を流せるようになるのです。特に風が吹けば、送電線の温度は落ちますので、風力発電とダイナミック・ライン・レイティングは、相性が良く、全国で導入されることが期待されます。

また、街中で見かける電柱や電線から構成される配電系統ですが、こちらは世界的に見ても、日本のデジタル化は進んでいると思います。例えば、台風等で風が強い日に停電がすることがありますが、最近は、数秒で電気が戻ることがあると思います。これは、風で電線に木が倒れて、その事故を検知して電気を自動的に止めて（ここまではアナログ技術）、その後に電柱の上に設置された開閉器に付いている電圧計や電流計のデータを光通信で回収して、木が倒れた箇所を特定し、その区間（開閉器と開閉器の間）以外の電線に電気を流すように、開閉器を自動で遠隔で操作し、復電させるのです。これを数秒でやってしまうのです。こうした技術を用いることで、設備容量以上の太陽光発電設備が系統接続されても、太陽光発電の出力制御をかけて、その設備容量の範囲で運用することが技術的には可能です。しかしながら、導入に関しての具体的な検討は進んでいません。

デジタル技術は、私たちの生活を大きく変化させていますが、エネルギーの分野でも大きな変化をもたらしていくと考えられます。

■熱利用と移動の電化

今まで都市ガスやガソリンなどの燃料を使っていたところを電気に変えることを電化と言います。最も身近なところでは、家庭用のヒートポンプ給湯機があります。エコキュートという製品名で、すでに700万台が出荷されており、新築戸建住宅では６割以上の家庭がヒートポンプ給湯機を導入しているとも言われており、その利用者はどんどん増えています。電化には大きく２つ「熱利用」と「移動」があります。熱利用は、暖房、給湯、厨房や各種産業での熱利用になり、それらは、電気ヒーターやヒートポンプで電化することができます。移動は、ガソリンエンジンなどの内燃機関を電動機（モーター）に変えることで電化になります。ここでは、一旦、生活に身近な家庭や業務での熱利用と移動の電化について、そのトレンドを見ていきたいと思います。

日本のCO_2排出量のうち、約半分は、熱利用や移動で使う重油、灯油、都市ガス、LPガス、ガソリン、軽油といった燃料利用が原因です。これらの燃料は、すべて石油や天然ガスから製造されていますので、燃焼させてCO_2が排出されたら、それはそのまま大気中のCO_2増加になるわけです。そうした燃料をカーボンニュートラルにする方法があります。それが電化です。もちろん、エネルギー源を化石燃料から電気にしただけでは、電気自体が化石燃料も使っていますので、カーボンニュートラルではありませんが、その電気のCO_2排出量をゼロにすれば、熱利用や移動をカーボンニュートラルにできます。

熱利用や移動で使われるエネルギーをカーボンニュートラルにする技術としては、エタノールや植物油などのバイオマス燃料もあります。バイオマス(植物)は、有機物をつくるのに大気中のCO_2を吸収するので、燃やしてCO_2が出ても大気中のCO_2が増えるわけではなく、カーボンニュートラルと言えます。ディーゼルエンジンは、今ほとんど軽油を使っていますが、ディーゼルエンジンを開発したルドルフ・ディーゼル氏自身は、植物油で動かすことを考えていました。ディーゼル車は、スーパーマーケットで売っているサラダ油でも動きます(ただし、サラダ油は粘度が高いので、エンジンに入れる前に温度を上げて粘度を下げる機械が必要です)。ガソリンエンジンも少し改造すれば、エタノール(アルコール)で動きます。ただ、植物で燃料をつくることは可能ですが、世界的には農地が限られる中、燃料用に農地が潤沢に使える可能性は未知数ですし、地球温暖化が進んで、農地の脆弱性が高まる可能性も高く、農業生産量が下がっていくかもしれません。一方、太陽光発電と風力発電は、農地にならないような土地(海洋)を利用して、エネルギーを生み出せます。そして、化石燃料が使われている熱利用や移動のほとんどは、電気をエネルギー源にすることができます(エンジンであればモーター、ボイラであればヒートポンプなど)。よって、どうしても液体燃料でないといけない用途を除いて、電化して、その電気のVRE率を高めていくことが、熱利用と移動におけるカーボンニュートラルの基本となります。

電化の良い点として、エネルギー効率が高まるという点があります。場合によっては、燃料を直接使うよりも一度電気にして、熱利用した場合の燃料利用効率が高まる場合もあります。例えば、給湯には、灯油/LPガス/都市ガスが主に使われていますが、それらの燃料からお湯をつくる熱効率は、95%程度になりますので、100の熱を得るのに105の燃料が必要です。次に、ヒートポンプ技術で100の熱を得るのに必要な燃料を求めます。電力は、燃料によっても異なりますが、LNGの場合、仮に効率50％とすると、100の電力のために、200の燃料が必要です。次に、ヒートポンプの熱効率ですが、100の熱量を得るのに、30の電力と70の空気熱を使うことができます（年間給湯効率3.3の場合）。よって、100の熱をつくるのに、30/100×200/100＝60の燃料が必要となります。燃料を直接使う場合の105に比べて、発電してヒートポンプで給湯した方が必要な燃料は少なくなるのです。厨房でもIHクッキングヒーターが手入れの簡単さから拡大しています。そして、オール電化による光熱費削減が大きく、特に都市ガスがない地域については、オール電化住宅が増えています。このように、住宅での熱利用については、すでに電化が広がり、エネルギー効率が高まっています。

移動の電化も同じことが言えます。自動車のエネルギー効率は、20％程度と言われています。100のエネルギーが必要な移動に、500のエネルギーの燃料が必要となります。一方で、EVの場合は、モーター効率と充放電効率を加味しても、エネルギー効率は悪くても80％です。つまり、100のエネルギーが必要な移動に、125のエネルギーの電力が必要になります。この電力がエネルギー効率40％の発電所で発電されたとしたら、100のエネルギーの移動に313のエネルギーの燃料が必要となります。つまり、ガソリンをそのまま使うよりも、ガソリンで発電して、電気自動車で使った方がエネルギー効率自体は良いということになります。今、ガソリン自動車が大勢を占めているのは、エネルギー密度とバッテリーのコストの問題があるからですが、それらが、解決されれば、エネルギー効率が高いEVの方が良いということになります。

熱利用と移動の電化によって、消費者にとっては、燃料費が下がる効果が期待されます。実際に、オール電化住宅が増えているのは、光熱費が安くなるからです。もちろん、エコキュートやIHクッキングヒーターなどの設備費は増えますが、光熱費削減で十分に投資回収が可能になっています。なお、厨房は、火を使いたい、電磁波が心配ということで、一定の割合でガスコンロを希望される方がいますが、エコキュートの導入だけでもオール電化の電気料金が適用され、光熱費が下がります。また、電磁波が心配という方であれば、欧州で一般的なラジエントヒーターという選択肢もあります。移動の電化でも、ガソリンから電気に変わることで、燃料費自体は安くなります。

一方で、現状のEV価格は、とても高くて燃料費が安くなると言っても、なかなか投資回収が難しいのが実情です。しかし、EVは、内燃機関の自動車よりも部品点数も少なく、技術的に言えば、バッテリー容量を抑えれば、製造コストを安くできるものです。中国では、実際に50万円程度で、２人乗りのEVが販売されていたり、100万円程度でコンパクトカーが販売されています。こうなれば、従来のガソリン車よりも安く、燃料費も設備費も安いということになります。これは、日本の自動車産業にとっては脅威に映るかもしれませんが、蓄電池コストが下がった以上、このトレンドは、もう止めようがないことであると考えられます。

現在のEVは高級車が多いですが、近い将来、通勤/通学の足として、電池容量が小さいEVが拡大すると予想されます。週末の長距離ドライブは、急速充電施設を利用するか、ガソリン車や電池容量の大きいEVをレンタルするという選択肢がありますので、航続距離が短くても問題はなくなると思われます。もしかしたら、バッテリー交換式のEVが普及する可能性もあります。すでに二輪車(バイク）では、日本のメーカー４社が共通のバッテリー規格をつくることにしています。中国のEVベンチャーであるNIOは、バッテリー交換式のシステムも開発しています。

なお、人の移動は電化がしやすいですが、貨物輸送では難しい部分があります。ラストワンマイルと呼ばれる宅配については、EVも使えますが、長距離貨物輸送については、それだけ蓄電池の容量が必要となり、重くて荷物を運んでいるのか、蓄電池を運んでいるのか分からない状態になってしまいます（蓄電池が重い分、運べる荷物が減ってしまう)。長距離貨物輸送のカーボンニュートラルには、他の選択肢を考える必要がありそうです（第７章で少し触れます)。

▩ 自動化/無人化

デジタル技術や通信技術、AIやIoTなどの発展によって、あらゆるところで省力化、つまり人がかけている手間が減り、自動化/無人化が進んでいくと考えられます。例えば、高速道路の料金所ですが、ETCや自動精算機が導入され、料金所で必要な人は減っています。最近では、コンビニやスーパーマーケットでもセルフ精算のレジも増えましたし、完全無人の冷凍餃子屋のお店が登場して話題となっています。コストとは、究極的には人の手間です。購入しなければいけないモノも元をたどれば、無償の自然資源から人が手間をかけて製品にしたモノです。このコスト(=手間)を最小化するということは、人がいかに楽をして、高い効用を得られるかということです。よって、自動化/無人化もまた、カーボンニュートラルと同じように人類の発展の一端と言えるのかもしれません。

エネルギーの分野では、すでに太陽光発電所や風力発電所、小さな水力発電所は、基本的に無人で発電しています。太陽光や風力でも大規模な発電所には、人がいる場合もありますが、それは法律上必要なだけで、技術的には無人でも問題ありません。太陽光発電や風力発電や小水力発電は、そもそも分散電源であるため、人手をかけられないということもあり、無人が一般的です。それと太陽光、風力、小水力では、燃料を発電所に搬入する必要も、燃料を設備に投入する必要もないので、そうした人手がかからないという側面もあります。一方で、火力発電所では、燃料を扱うためのオペレータが必要です。ただし、この部分も自動化は可能であり、実際にそうした取組が進められています。火力発電所に必要な運転員の数も、デジタル技術の導入で少なくなっていくでしょう。

デジタル技術は、発電所の稼働率を高めることにも役立っています。例えば、自然電力は、Guglerというオーストリアの水車メーカーの販売代理店をやっていますが、彼らの小水力発電所には、優れた遠隔監視システムもあります。水車や発電機の軸振動や温度を計測し、異常があれば、壊れる前に停止して、修理ができるのです。突然壊れた場合は、その原因調査と部品調達などで時間がかかるため、発電時間も短くなってしまいますので、異常は早く検知した方が発電機会は増えます。さらに、これにAIを組み合わせることで、異常をより的確に検知することも考えられます。同じ回転機である風力発電では、実際にAIを使った異常感知が始まっています。

デジタル技術や通信技術の発展は、これまでより大きなシステムと連動させて制御していなかったものを制御できるようにします。例えば、家庭用蓄電池ですが、ほとんどの家庭用蓄電池が、深夜に充電して、朝からか夕方から放電するという毎日同じパターンで運転しています。一方で、系統の需給バランスを考えれば、ネット需要が小さい時間に充電して、ネット需要が大きい時間に放電することが合理的です。それによって、VREの出力制御を下げ、VREを増やすことができます。さらには電化したあらゆる需要側の機器も、自動的に最適な制御がされるようになります。例えば、厳寒期の電力ひっ迫時には電力が不足するので、できる範囲での節電として暖房の温度設定を25℃から２℃だけ上げようというのも、今では人が意識して、リモコンに手を伸ばし、リモコン操作する必要がありますが、将来は、予めそのような設定に同意しておけば、HEMSが自動的に調整してくれることになります。このように、デジタル技術は、分散型の電源や需要を制御して、全体を最適化させられる可能性を持っているのです。

自動化/無人化の課題として、“雇用”があります。雇用が奪われ、多くの失業者が生じてしまいます。例えば、自動車の電化が進めば、ガソリンを運ぶタンクローリーの運転手の雇用が無くなってしまいます(そもそも完全自動運転化で運転手が不要になる可能性もありますが)。このように、自動化/無人化は、雇用を奪うので“悪”なのでしょうか？１つの考え方として、自動化/無人化できるところは、自動化/無人化することで、人でないとできないことに人が時間を使えるようになり、より付加価値の高いサービスがより多く、より質も高く提供されるようになるとも考えられます。例えば、市町村の基礎自治体としての行政サービスのほとんどは、自動化が可能だと考えられます。その結果、市町村職員のほとんどが不要となってしまいそうですが、そうではなく、地域の困りごとの解決や政策立案などに時間が使えるようになります。つまり、自動化/無人化によって、行政サービスがより人間味のあるものにできると考えられます。

エネルギー分野における雇用についてはどうでしょうか。エネルギーは、人の生活にとってなくてはならないものではあるものの、基本的には付加価値はありません(もちろん、再エネ電力に追加的費用を支払う人もいますし、大切なことです)。そのようなエネルギー産業に多くの人が従事するよりも、他の付加価値を高められる、“人”でないとできないことに人は時間を使った方が、社会がより豊かになると考えられます。社会全体の効用をもっと上げられる仕事に移ることで、私たちはより快適に、幸せに暮らせるようになります。つまり、エネルギーという産業に関しては、雇用が少なくなってもよく、経済効率性を求めることが重要と考えることもできます。

■ 分散化

太陽光発電と蓄電池の低コスト化とデジタル技術の発展によって、これまで大規模な発電所から送られてきた電力が、小規模で分散型の設備からも得られるようになっています。エネルギー分散化が進んでいるのです。分散化は、インフラの在り方という点でパラダイムシフトとも言える大きなことだと思います。電力システムの場合、これまでは、大規模発電所から送電線/配電線を使って、末端の需要まで電力を届けるというものでしたが、今では、住宅用太陽光発電設備や数十～数百kWの太陽光発電所のように、系統の末端である需要側に発電設備がどんどん導入され、電流が逆に流れていくことも増えています。さらには、蓄電池の導入が進めば、これまで火力発電が需給バランスを取る調整力を提供していましたが、その調整力も需要側に近いところでできるようになります。このように、系統の末端である需要側で電力のやり取りが生じ、送電線／配電線を一方方向に流れていた電気が、両方向に流れるようになっています。そして、太陽光発電設備や蓄電池の低コスト化によって、今後さらに進んでいくと考えられます。

分散化にはメリットがいくつかあります。まず、防災の観点でのメリットがあります。例えば、大地震が起き、電力系統が停電になり、都市ガスが止まっても、自分の家に太陽光発電設備があれば、日照のある間は電気が使えます。さらに蓄電池があれば、夜間にも電力が利用可能になります。病院や市町村庁舎などのディーゼル非常用発電機がある場合でも、太陽光発電によって、燃料を長持ちさせることが可能になります。こうした非常事態への対応をレジリエンス（強靭性）とも言いますが、このレジリエンスの観点で分散型のエネルギーシステムを導入するケースが増えています。また、政府としても国土強靭化の一環として、補助金を出して導入を支援しています。

次は、電力の輸送にかかるコストが下げられるかもしれません。そもそも、遠くまで電気を送ることはお金がかかります。だから、送電線／配電線を通して電気を送るのに、託送料金を支払う必要があるのです（小売電気事業者を通じて、電気の需要家も払っています）。一方で、需要側で発電して、その電気をそのまま使えば、その託送料金を支払う必要はありません。電線を使う場合でも、発電と需要が近ければ、その分、必要な送配電設備を小さくできるかもしれません。とはいえ、すでに電力網が整備され、そのインフラを前提に社会が動いている日本の現状で考えると、設備が今よりも小さくなって、コストが下がるということは考え難いです。むしろ、電化が進んで、必要な電力量が増えても、今のままの送配電設備のままで済ませられるので、1kWhの電力量を使うのに支払う託送料が小さくなると考えられます。もし、電化が進み、電力消費量が増えても、大規模発電所から一方的に送る形であれば、送配電設備を増強しなければなりません。しかし、需要側から電気を供給できれば、送電線を増強する必要がなくなります。

海外では、人が住んでいても、電線がないところが多く存在します。実際に、街中にしか電線がない国も多いです。そうした家は、エネルギーを自給する必要があるのですが、太陽光発電＋蓄電池によって、住宅で必要な電力をほとんど賄えて、さらには電線から買ってくる電気代とそれほど変わらないコストで、実現できている地域もあります。もちろん、気象条件次第ですし、日本ではどうしても電力が足りなくなる期間(冬季や梅雨など)がありますが、世界的には、太陽光と蓄電池でほとんどを自給できる地域も多く存在します。また、海外では、街中以外には電線が整備されてなく、郊外の自然の中にある住宅では、エネルギーを自給自足せざるを得ない場合も一般的です。こうした住宅では、灯油等を燃料にした自家発電機が多く使われてきましたが、太陽光発電とリチウムイオン電池の価格低下により太陽光発電で自給できる地域も増えてきています。日本では山の中の一軒家にまでも電線が整備されていますが、この電線の維持費はけっして小さいものではありません。太陽光発電とリチウムイオン電池、そしてどうしても電力が足りない日のための発電機の方が安くなる可能性もあります。

分散化が進む大きな要因が、太陽光発電と蓄電池のコスト低下とデジタル技術による制御の発展です。太陽光発電と蓄電池は、原理上、規模の経済がほとんど働きません。例えば、太陽光発電設備は、100kWの発電所も100MWの発電所も、建設原価はほぼ変わらないのです。むしろ、小さい方が、接続電圧が低く、近くの電線に接続できて、発電コストも安くできることも多いのが実態です。

エネルギーの分散化からは、より小さな単位でできるだけエネルギーを自給して、過不足をそれより大きい単位との間で融通し合うことで、社会全体での最適化を図るという新しいエネルギーシステムのイメージが見えてきます。エネルギーを貯める施設は、需要地に近いところの方が合理的です。それは、電力とはあくまでも需要量に合わせて供給(発電)されるものであり、発電量に合わせて需要されるものではないからです。

こうした多重構造は、インターネットに近い構造だと思います（**図2-9、2-10**）。インターネットは、施設内でのイントラネットがあり、それがプロバイダのネットワークにつながり、そのプロバイダがTier 1プロバイダにつないで世界中のどこへでもアクセスできるという仕組みです。電気も、受電している施設内でのシステムがあり、配電系統システムがあり、それらが送電線でつながって、系統全体システムとなり、また、隣の系統と連系線でつながっています。そして、できるだけ小さ

図2-9　従来のエネルギーシステムと分散型のエネルギーシステム

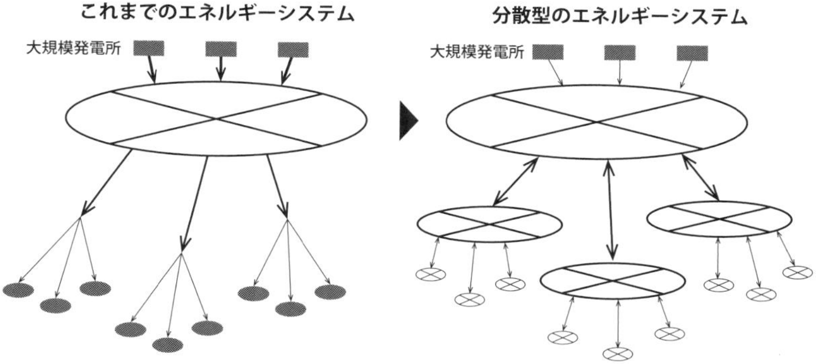

大規模発電所から需要地点に一方向に、需要が欲しい分だけ発電所で調整して、供給する。

需要側にも発電設備や蓄電池等が導入され、できるだけ小さい単位自給しつつ、相方向で融通することで需給を調整する。

出典：自然電力作成

図2-10　エネルギーインターネットと情報インターネット

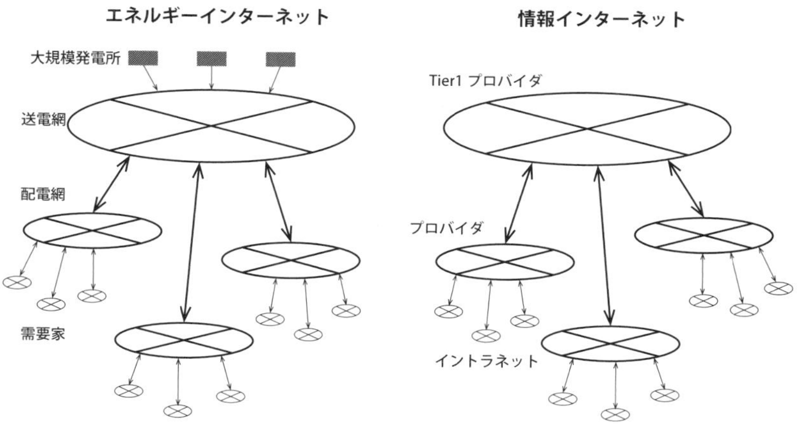

エネルギーインフラがネットワークの入れ子構造となることで、インターネットのようになる。

出典：自然電力作成

い単位でエネルギーを自給しながら、上の単位との融通で最適化していくというものです。つまり、電力システムは、樹形図からインターネットのような入れ子状のネットワークになっていくと考えられます。これを「エネルギーインターネット」と言うこともあります。

とはいえ、日本においては、完全な分散化にはならないと考えています。日本で分散型電源として太陽光発電＋蓄電池を拡大していっても、再エネ率100%にすることは、ほぼ不可能です。日本の気候では、長期間に亘って晴れない日が続くこともあり、太陽光＋蓄電池で電力需要を賄うのが難しいのです。必ず、太陽光発電を補完する電源が必要であり、それは洋上風力発電やゼロカーボン火力などの大規模集中電源になります。つまり、日本の将来の電力システムは、小規模分散型と大規模集中型のハイブリッドとなると考えられます。

第2章 まとめ

今、世界で起きていることを6つのトレンドとして整理しました。この6つのトレンドから総じて言えることは、世界各国が脱炭素していくことが、地球温暖化対策として無理してやっていることではなく、技術の発展に伴う自然な流れであるということです。つまり、カーボンニュートラルを目指すことは、地球温暖化対策をどれだけ熱心に取り組んでいるかではなく、世界や市場のトレンドに対して、後からついていくのか、先端をいけるかという話なのです。国にとっても、会社にとっても、個人にとっても、基本的にはトレンドに乗った方が成功をおさめる可能性は高いかと思われます。環境問題や地球温暖化に関心があるからやるとか、関心がないからやらないという話ではないのです。成功したいからやるという話なのです。

第3章

カーボンニュートラル前編の試算

6つのトレンドによって、再エネの導入や電化が進んでいきそうなことは、ご理解いただけたかと思います。本章では、それらのトレンドが進んでいった場合に、どこまでの脱炭素が、どれだけの経済性の中で実現可能なのか、需給シミュレーションや簡単なコスト試算を交えながら考えていきます。なお、現時点で経済性がある形で実用化されていない革新的技術については想定しないという条件で一旦は考えていきたいと思います。もちろん、革新的技術は必要ですし、最大限開発投資していく必要はあると思いますが、ここでは、現時点で想定し難い要素については外して考えることで、現状の技術でどこまでいけるのかという認識を持っていきたいと思います。

また、自然電力は、研究機関ではなく、事業会社です。この試算もあくまでもカーボンニュートラル前編をイメージするための概算です。需給シミュレーションについては、火力発電所の最低出力や起動停止など細かい点は想定していませんし、コスト試算も概算中の概算でやっています。そうしたシミュレーションについては、研究機関のレポートを参照いただきたいと思います。この章では、現在の技術でカーボンニュートラルがどこまで可能かの相場観を得られるように計算していきます。

■ 計算方法

CO_2排出量の計算ですが、「家庭」「業務」「運輸（旅客）」「運輸（貨物）」「産業」「工業プロセス」「廃棄物」の部門ごとに、**図3-1**で示す式のように「人口」「1人当たりの活動量」「活動量当たりの燃料使用量」を考えていくことで、CO_2排出量がどれだけ削減できるのか計算していきま

図3-1　CO_2排出量の計算方法

$$CO_2\text{排出量} = \text{人口} \times \frac{\text{活動量}}{\text{人口}} \times \frac{\text{燃料使用量}}{\text{活動量}} \times \frac{CO_2\text{排出量}}{\text{燃料使用量}}$$

CO_2 排出量計算に用いる 4 つの因数

a　人口
b　1 人当たりの活動量
c　単位活動当たりの燃料使用量
d　単位燃料当たりの CO_2 排出量

出典：自然電力作成

図3-2　CO_2の直接排出量、間接排出量 (2019年度)

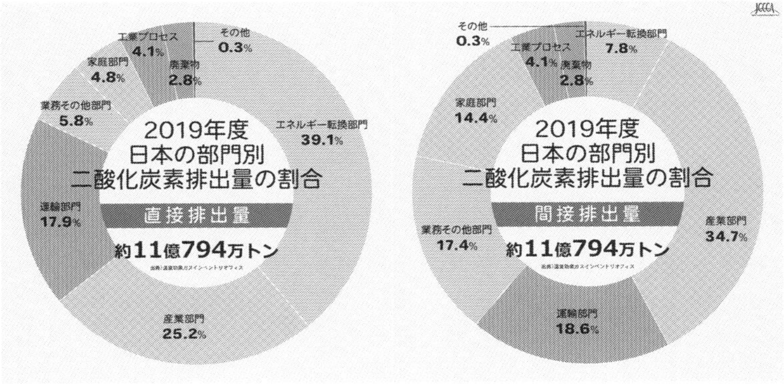

出典：https://www.jccca.org/download/13335 より引用

す。なお、部門別CO_2排出量には、「エネルギー転換部門」というものもあります（**図 3-2**）。CO_2排出量を直接排出した部門にカウントする直接排出量という考え方では、エネルギー転換部門の排出量は約40%となっています。エネルギー転換のうち発電については、その電力は他の部門で使われるものですので、他の部門にCO_2を割り当てた排出量が間接排出量になります。今回は、１人当たりの活動量を用いて考えていくため、間接排出量の集計で「エネルギー転換部門」として残る送配電ロスや発電所の自家消費分なども使う側の他の分野に配分して計算しました。

話は少し脱線しますが、CO_2排出量の計算については、産業部門や運輸部門などの排出量を生活者の物理的活動量に落とし込んで、最終消費ベースで考える方法もあります。それは、産業部門や運輸部門も究極的には、人の生活のために行われている活動であり、生活者の選択によって、その排出量も変わり得るためです。このように、すべてのCO_2排出を生活者の活動量に紐づけようという考え方が「最終消費ベース排出量」です。ただ、商品のサプライチェーンをすべて追うことや国を跨いだ計算が困難であり、十分に確からしい数値を得ることができません。それゆえ、CO_2排出量の計算が排出源ベースになっていますし、日本のゼロカーボンシティ宣言もそれに基づいたものになっています。よって、今回の計算では、日本全体は排出源ベースとしつつ、部門ごとにはエネルギー転換部門のみを他の部門に割り振るようにしました。

まずは、全体を把握するため、2018年度のCO_2排出量を部門別と燃料別の表にして整理しました（**図 3-3**）。この表からどの部門のどの燃料が多くのCO_2を排出しているのか分かります。まず、部門別ですが、産業部門で約４割、運輸、業務、家庭でそれぞれ約２割という割合になっています。産業は、鉄の還元など、どうしてもCO_2が排出されてしまう工業プロセスがあったり、大きなエネルギーを安く利用するために石炭を用いており、CO_2排出量が大きくなっています。燃料別では、電力が４割強、石油が3.5割程度と、この２つが大きいです。この表を見ると、運輸部門で使われる石油だけで、日本全体の２割のCO_2を排出していることが分かります。私たちの移動や荷物の輸送による自動車からの排出がかなり大きいことが分かります。

この全体像を把握したうえで、CO_2がどれだけ削減できるか、第２章で見てきたトレンドと経済合理性も鑑みながら、部門ごとに経済合理的

図3-3　部門・燃料ごとのエネルギー消費に起因するCO_2排出量

	電力	ガス	石油	石炭	合計
家　庭	11.2%	2.2%	3.4%	0.0%	16.9%
業　務	14.5%	2.4%	3.5%	0.1%	20.5%
運　輸	0.8%	0.0%	21.1%	0.0%	21.8%
産　業	15.5%	2.7%	7.1%	15.4%	40.8%
合計	42.1%	7.3%	35.2%	15.5%	100.0%

エネルギー転換部門は 4 部門へ配分。熱供給分は、その燃料により 4 燃料に配分。

出典：経産省「2019 年度総合エネルギー統計」https://www.enecho.meti.go.jp/statistics/total_energy/results.html より自然電力が計算

な範囲でどこまでカーボンニュートラルに近づけるか考察していきたいと思います。

■ 家庭部門

まずは、最も身近な家庭部門から考えていきたいと思います。日本の人口は減りますので、その分CO_2排出量も減ります。将来の人口は、現在の1.27億人から2050年には、1.01億人に減ると推定されています。1人当たりの活動量については、経済成長によってもっと暮らしが豊かになっていく可能性はありますが、1人当たりの物理的な活動量は、すでに十分なレベルにあると仮定します。ただし、空調に関しては、現在の日本は、他の先進国と比べて、かなり貧しい状態です。海外の先進国では、全館連続（24時間）空調が常識ですが、日本では、居室だけを冷暖房するケースが多く存在します。

そこで、空調にかかる1人当たりの活動量と活動量当たりの燃料消費量について考えていきたいと思います。空調を考える上で、住宅の断熱性能が重要となります。住宅の断熱性能が上がれば、同じ室温を維持しても（同じ活動量でも）、燃料消費量は減ります。一方で、断熱性能が上

図3-4　住宅の間欠空調と連続空調の比較

建物仕様と温熱環境・暖冷房消費電力量・暖冷房費の比較

	⓪等級４ 間欠空調	①等級４ 連続空調	②HEAT20G1 連続空調	③HEAT20G2 連続空調	④G2超 連続空調	⑤HEAT20G3 連続空調
窓	アルミ 普通複層	アルミ 普通複層	樹脂 Low-E複層	樹脂 Low-E複層	樹脂 Low-E複層	樹脂 Low-E三層
外壁	GW16K 90mm	GW16K90mm	GW16K 105mm	GW24K 105mm	GW24K105m 樹脂45mm	GW24K105m 樹脂80mm
UA値	0.85	0.85	0.55	0.46	0.36	0.26
換気	熱交換無	熱交換無	熱交換無	熱交換無	全熱交換	全熱交換
シェード	無	無	無	無	有	有
追加費用			?	＋７０万円	?	?
エアコン	5台	5台	5台	2台	1台	1台
18℃未満 時間率	53%	9%	5%	4%	1%	0%
暖房 消費電力	1,307kWh/年	3,125kWh/年	2,746kWh/年	1,314kWh/年	463kWh/年	264kWh/年
冷房 消費電力	496kWh/年	914kWh/年	923kWh/年	501kWh/年	498kWh/年	417kWh/年
暖冷房費	5.4万円/年	12.1万円/年	11.0万円/年	5.4万円/年	2.9万円/年	2.0万円/年
削減額		+6.7万円/年	+5.6万円/年	0.0万円/年	-2.5万円/年	-3.4万円/年

出典：東京大学建築学科　前真之サステイナブル建築デザイン研究室
https://drive.google.com/file/d/1S7pa83VOPV3ga1JKhUUwJyb098YYHPdt/view?usp=sharingより引用

がれば、全館24時間空調がしやすくなるため、安定した室温で健康的に暮らせて、ヒートショックによる死亡も減るため、全館連続空調にする方も多くなっています。特にヒートショックは、その年間死亡者が１万７千人とも推定されており（出典：東京都健康長寿医療センター研究所）、大きな問題となっています。断熱性能によるエネルギー消費量削減と全館連続空調によるエネルギー消費量増加のどちらが大きいのでしょうか。

東京大学建築学科の前准教授の試算では、住宅エネルギーのシミュレーションソフトを使って、部分間欠空調と全館連続空調の比較を行った結果、断熱等級の低い住宅で間欠空調を行うケースと断熱等級がある程度高い（建築コストが追加70万円）住宅で連続空調するケースでエネルギー利用量はおおむね同じくらいでした（**図 3-4**）。つまり、１人当たりのエネルギー利用量は変わらないということです。であれば、70万円のコストアップであれば、年２万円くらいですし、それで、365日24時間、どの部屋でも快適に過ごせて、高齢になったときのヒートショックで死んでしまうリスクも少ないのであれば、断熱性能を高める方を選択する人が多いのではないでしょうか？

前准教授の比較では、間欠空調の暖房でもエアコンを利用していますが、実際には、部分間欠空調では、どうしてもスピード早く暖房したいため、灯油/都市ガス/LPガスのファンヒーターが好まれます。一方で、全館連続空調では、急激な暖房は不要ですので、エアコンで十分です。断熱性能が高ければ、日本のどの地域であっても、通常の戸建住宅で１台のエアコンで十分と言われています。実際に北海道で外気温がマイナスであった日に、高断熱住宅を見学したことがありますが、エアコン１台で十分に暖かかったです。そして、CO_2排出量で考えると、灯油/都市ガス/LPガスよりも電力の方が低いのです。火力電力は、発電効率が30〜50%くらいですが、エアコンは、電力の３〜５倍の熱を生み出しますので、エネルギー効率は電力＋エアコンの方が高いのです。つまり、CO_2排出量も電力＋エアコンの方が低く、快適性も併せて考えれば、高断熱＋連続空調の方が良いと言えそうです。

さらには、電力系統全体の需給バランスに対しても、連続空調の方がプラスの影響を与えます。エアコン需要が高まる冬季については、間欠空調の場合、朝と夕方の需要が高くなります（**図 3-5**）。特に朝は、業務等の暖房需要も増えますので、系統全体で電力が不足気味となります。それによって、卸電力取引所での価格も高騰します。一方24時間空調となれば、冷暖房による１日の需要カーブの変化が小さくなり、電力供給がしやすくなります。さらには、24時間空調でない場合、冬場の朝と夕方以降の需要が高くなりますが、24時間空調では均されて、昼間の需要も増えます。それによって太陽光電力が有効利用されやすくなります。今後は、電力系統単位で需要量の高い時間帯の従量料金単価は高くなっていく可能性が高く、光熱費を考えても全館連続空調の方が良くなる可能性が高いです。また、太陽光の発電量が多い日であれば、朝と夕方の

図3-5　間欠空調と連続空調が電力需給に与える影響（イメージ）

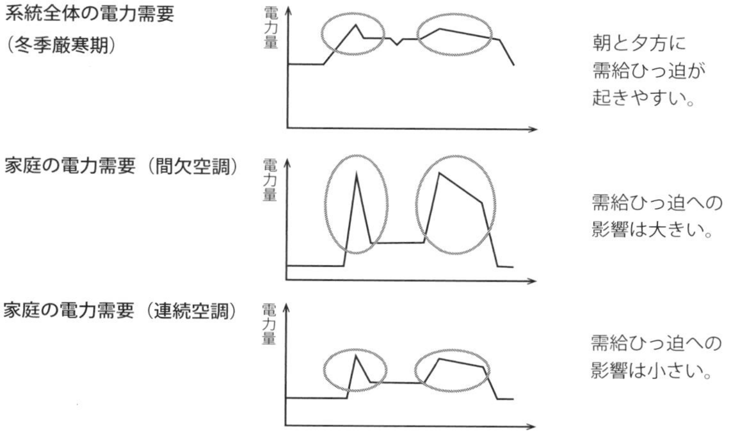

出典：自然電力作成

急激なネット需要の変化に、火力発電所の対応も難しくなります。こうした点からも空調は、連続運転の方が良いと考えられます。

つまり、住む人の健康の側面からも、住む人の経済の側面からも、エネルギー供給の側面からも全館連続空調が良いということになります。諸外国では、こうした事実から住宅の断熱基準適合が義務化されている場合が多いのですが、日本では、そうはなっていません。

活動量当たりの燃料消費量で考えるべき大きな点には、もう１つ“電化”があります。現在、家庭で消費される電力以外の主な燃料は、灯油、都市ガス、LPガスで、用途は、厨房、暖房、給湯になります。これらの用途は、すべて電力に変えることが可能です。具体的には、厨房では、ガスコンロからIHクッキングヒーターやラジエントヒーターに変えられます。暖房は、灯油やガスのファンヒーターからエアコンに変えられます。給湯は、灯油やガスの給湯器からヒートポンプ給湯機に変えることができます。そして、それらの変更は、機器代こそ高くなる場合が多いものの、光熱費が下げられ、機器代が高い分も十分に回収できることがほとんどです。

電化の特徴として、エネルギー効率が高いことがあります。厨房の場合、ガスコンロの熱効率は20%程度と言われていますが（使用方法で大きな差が出ます）、IHクッキングヒーターやラジエントヒーターでは、90～95%となります。給湯の場合は、ガス給湯器のエネルギー効率は95%程度ですが、ヒートポンプ給湯機のエコキュートでは、空気熱を取り込むことで、消費電力の３～５倍の熱を生み出すことが可能です。このように、電化には、消費されるエネルギーそのものが大きく下がり、エネルギー効率が向上する特徴があります。

このようにエネルギー効率も高く、経済的でもある電化ですが、新築住宅では、電化を選択しない方も多くいらっしゃいます。灯油・都市ガス・LPガスを選択する理由として、IHは電磁波が心配なこと、中華料理の炒めもので火を食材に直接当てられること、設備にかかる初期費用をLPガス販売会社が負担してくれること、停電時でも使えることがあります。なお、IHの電磁波が心配な方は、ラジエントヒーターにすればよいですし、停電時などで火を使いたい場合は、カセットコンロがあります。

電化は、エネルギー効率を高めるとともに再エネ利用を可能にします。灯油/都市ガス/LPガスを再エネの電力から水素を作り、その水素とCO_2を再エネの電力を使って反応させて作ることも可能ですが、現時点では、変換効率も高くなく、コストが高くなってしまいます。単純にエネルギー効率のことを考えれば、再エネの電力が使えるのであれば、その電力をそのまま使う方が合理的です。つまり、電化を進めることで、再エネ利用量を増やし、脱炭素になるのです。今は、電力の多くが化石燃料で発電されたものですが、将来的に、電力の再エネ比率が高まれば、その分化石燃料消費量が減って、CO_2排出量も削減されるのです。

電化によるCO_2削減効果を簡易的に試算した結果が**図 3-6** です。家庭のエネルギー機器を100%電化させた場合、電力のCO_2排出係数が現在

図3-6　家庭からのCO_2排出量

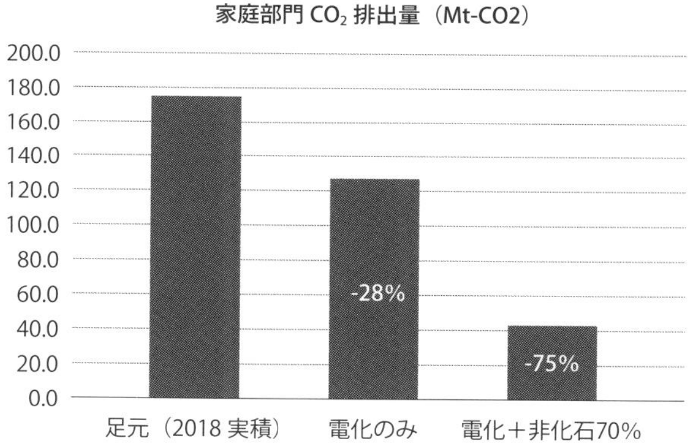

出典：自然電力作成

と同じであっても、CO_2排出量は、28％も下がる計算になります。非化石電源（再エネと原子力）の比率を高めていけば、当然ですが、家庭からのCO_2排出量はさらに下がります。例えば、非化石電源の割合が70％になれば、家庭部門のCO_2排出量は、現状よりも75％も下がり、４分の１となる計算です。

■ 業務部門

業務部門は、商業施設、オフィス、学校などによるCO_2排出になります。排出源となる燃料は、灯油、Ａ重油、Ｃ重油、都市ガス、LPガス、電力などがあります。エネルギーの用途は、暖房、冷房、厨房、給湯、乾燥、照明等の電灯、モーターなどの動力があります。

業務部門の活動量は、エネルギー統計で用いられている商業施設等のエネルギーを使う施設の床面積で考えます。業務部門の活動とは、生活者へのサービスが大半で、その活動量は、人口に比例すると考えられます。１人当たりの活動量は、現在と同じと仮定し、業務部門の活動量は、

図3-7　業務部門のエネルギー消費量と電化による効果

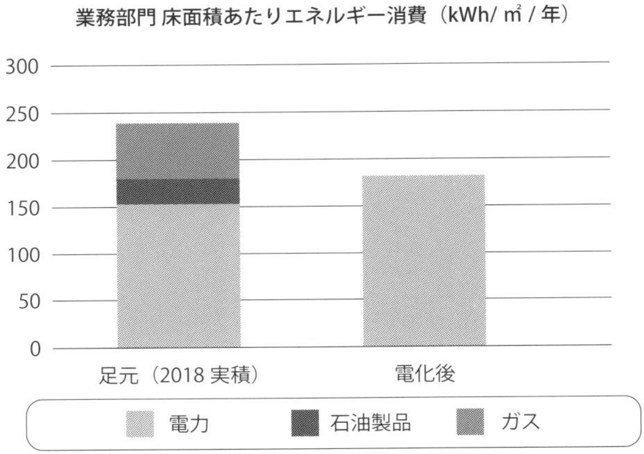

出典：自然電力作成

図3-8　業務部門からのCO_2排出量

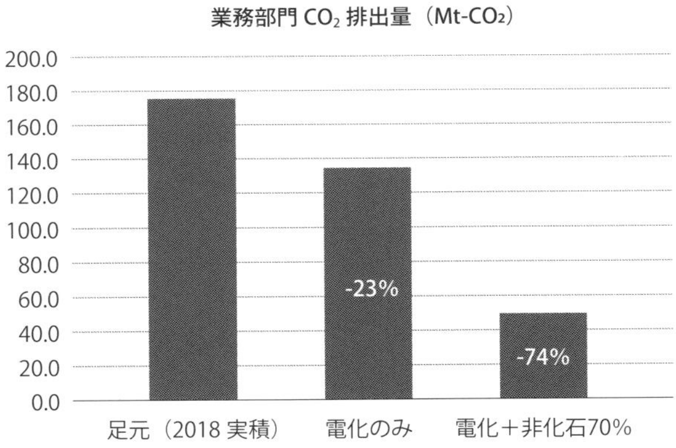

出典：自然電力作成

現在の1.27億人から2050年の推定値1.01億人に減る分だけ、活動量も減ると考えられます。

業務部門の電化に関しては、家庭部門と同じようにすべて電化できるとします。もちろん、細かく見ていくと、現時点では技術的に確立されていないものがあります。例えば、コインランドリーの乾燥機や中華鍋を振れるコンロなどは、技術的には電化できますが、今のところ、そうした製品は存在しません。この課題については、ニーズが顕在化されることで解決すると考えられますので、脱炭素のための製品開発が支援され、カーボンプライシング等で電化することの経済的メリットが大きくなれば、あらゆる熱利用に対する電化製品が登場し、経済合理的な範囲内で普及させることが可能と思われます。

業務部門のエネルギー消費のうち、4割弱が都市ガス/LPガスや石油製品となっていますが、これらをすべて電化できれば、大幅なエネルギー消費量削減になります（**図3-7**）。また、CO_2排出量は、電化だけでも23%の削減が可能になり、電力の非化石電源の割合が7割となれば、74%も下がる計算となります（**図3-8**）。

■ 運輸部門

運輸部門は、大きく旅客と貨物に分けて考えます。旅客は、人が移動するための運輸で、家庭の自動車やバス、鉄道などがあります。貨物は、物を運ぶための運輸で、トラックなどがあります。運輸の手段としては、自動車、鉄道、航空機、船舶がありますが（**図3-9**）、ここでは、航空機と船舶は、電化も燃料のゼロエミ化もしない前提で計算します。実際には、航空機ではバイオ燃料の可能性は十分に高いですし、船舶も風を使うことで燃料利用量を半分にできたり、バイオ燃料や水素でゼロエミ化はできますが、それらは革新的技術と整理して、ここでは考慮しません。

まず、旅客の活動量ですが、人数と距離の積の「人・キロ」という単位になります。これは、現状1.4兆人・キロと推測されており、1人当たりにすると年間11,000km、1日平均30kmを移動している計算になります。この移動距離は、オンライン会議や業務のデジタル化が進むことで、大幅に削減されることが予想されます。2020年以降の新型コロナウイルスによる影響で出張などの移動は大幅に減りました。新型コロナウイルス対策がなくなった場合、旅行は、元に戻るとしても、仕事のための通勤や出張は大幅に減ると考えられます。そこで、感覚的ではありますが、ここでは、2割削減されると仮定したいと思います。

次に移動の方法ですが、家庭の乗用車や企業の商用車などについては、電気自動車になっていくことが想像されます。現在は、まだ電気自動車の方が値段は高いですが、構造上はエンジン車よりも単純なものであり、現在のエンジン車と同等かそれ以下のコストで製造させることは可能と考えられます。実際に、中国では、コンパクトカーサイズのEVがすでに100万円で販売されています。

電気自動車になることで、ガソリン/軽油がすべて電力に置き換わります。これによって、日本全体のガソリンと軽油の消費量が大幅に小さくなり、CO_2排出量も大幅に減ります。電化によって、CO_2削減量は58%減り、電力の非化石率が70%になれば、79%も削減することが可能です（**図3-10**）。

また、充電時間を制御することで、EVが電力の再エネ率を高める効果もあります。太陽光発電/風力発電は、気象任せの発電です。太陽光であれば、晴れた昼間にしか発電しません。そこで、EVの充電時間を晴れていれば昼間にすることで、太陽光電力が最大限利用可能になります。こう考えると、EVの充電は、勤務先などの目的地での充電が重要ということになります。自宅に充電コンセントがあっても、日中出かけてしまっては、太陽光電力を充電できないからです。太陽光発電がたくさん発電して、電力が余るようなときは、卸電力取引所の電力価格が下がります。今後は、卸電力価格の低いときの電気料金が下がり、そのときに充電した方が電気代は安くなるということで、日中に長時間駐車する場所である通勤先などには、EV充電設備があることが当たり前になっ

図3-9　運輸部門の CO2排出量の内訳

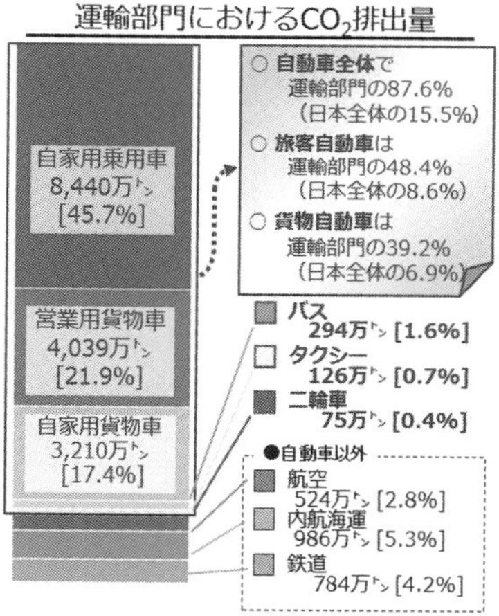

出典：国土交通省 https://www.mlit.go.jp/sogoseisaku/environment/sosei_environment_tk_000007.html
より引用

図3-10　運輸部門の CO2排出量の内訳

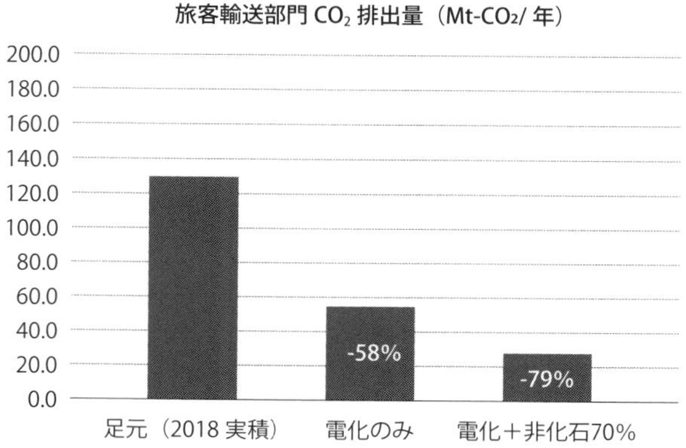

出典：自然電力作成

図3-11　貨物自動車（短距離）の電化によるCO_2削減量

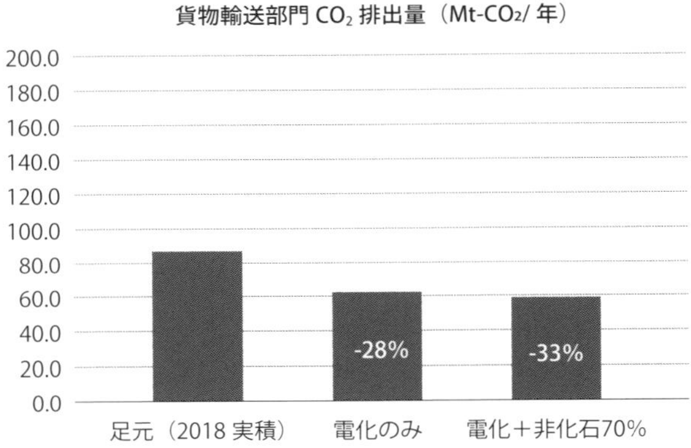

出典：自然電力作成

ていくと考えられます。

次に貨物ですが、こちらもまずは活動量を考えていきます。貨物の重量と距離の積の「トン・キロ」という単位になります。これは、現状4,000億トン・キロと推測されています。将来的には、デジタル技術やサーキュラーエコノミーの進展によって、貨物輸送量が減ることが予想されます。例えば、ジャストオンタイムでちょうど良い量が出荷されるようになったり、ハードは同じだけど、ソフトだけアップロードして、ハードは長く利用できるなどによって、こちらも感覚的ではありますが、ここでは、2割削減されると仮定したいと思います。

次に輸送方法ですが、こちらも船舶と貨物は除いて、トラックの対策を考えていきます。トラックは、その1度の走行距離によって、長距離輸送（500km以上）と中距離輸送（50〜500km）と短距離輸送（50km未満）があります。短距離の方は、1度の走行距離が短くEV化も可能ですが、中長距離でEVを使う場合は、蓄電池重量が重くなりすぎて、貨物輸送には合いません。中長距離輸送の脱炭素化は、何か新しい手段を用いなければいけません。その方法としては、交換式バッテリー、架線給電、水素、合成燃料などの選択肢が考えられますが、どれが実用化されるのか見通しが立っていないことから、一旦、中長距離輸送については、脱炭素化を見込まずに計算を進めたいと思います。計算結果ですが、短距離の貨物輸送を電化することで28％のCO_2削減となりました（**図 3-11**）。

■ 産業部門と工業プロセス

産業部門と工業プロセス（以下では合わせて「産業部門」といいます）については、本書では、保守的に考えました。産業部門の脱炭素化は、水素製鉄などのアイデアがありますが、技術革新が必要な部分が多く、現時点では経済性の目途が立っていないものが多いためです。もちろん、積極的な対策を前提としたシナリオも描けますが、一旦、産業部門は保守的な前提でもどこまでCO_2排出量の削減が可能なのか計算してみたいと思います。

まず、人口については、産業部門が生産する製品は、国内だけでなく世界向けであり、世界の人口は現在の78億人から2050年に97億人に増加すると予想されていますし、世界全体では１人当たりの物質消費量は増加する可能性が高いです。そこで、産業部門の活動量は、国内人口には関係なく、現在の生産量が維持されると仮定しました。主な業種別の現状の燃料使用は、**図 3-12**のとおりです。このうち、鉱業、建設業、農林水産業は、例えば、建設機械・農業機械・漁船など電化では対応が難しいエネルギー利用が多いため、今回は、燃料使用量をそのまま維持としました。製造業についても、素材系は電化が難しいかコストが高くなりすぎてしまうため、今回は、非素材系製造業だけの電化を考えます。非素材系製造業の電化率は、現状で約７割となっています。約３割の電力以外の燃料用途は、主にボイラ、素材溶融、乾燥などの熱利用と考えられますが、これらは電力でも基本的には可能であることから、そのうちの８割は電化可能と仮定しました。非素材製造業の電化によるエネルギー利用効率の変化については、低温熱は、ヒートポンプ技術で２～４

図3-12　業種別の燃料利用量

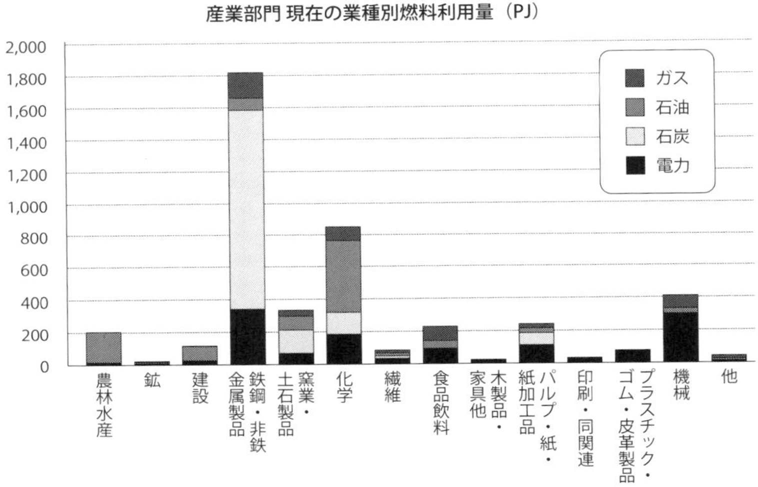

出典：経済産業省「2019 年度総合エネルギー統計」より自然電力推定

図3-13　産業部門の CO_2 削減量

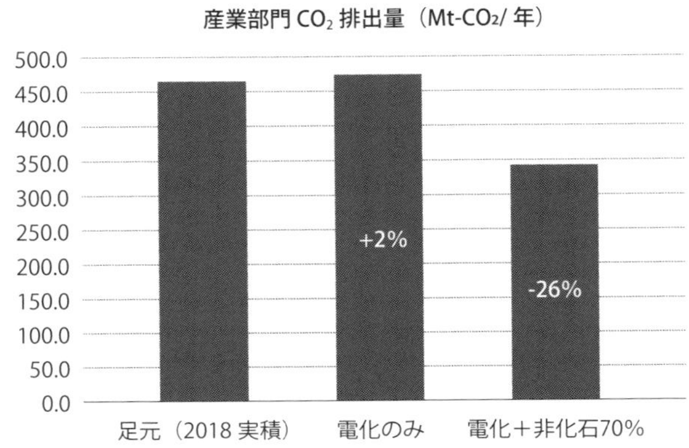

出典：経済産業省「2018年度総合エネルギー統計」および環境省「2018年度温室効果ガス排出量」より自然電力推定

倍の効率になりますが、高温熱は電熱線の熱をそのまま使うので、効率は化石燃料と大きくは変わらないことを考慮して、低温から高温熱までを平均して、1.5倍と仮定しました。以上の前提を反映させた産業部門のCO_2排出量が**図 3-13**です。

■ 廃棄物

廃棄物は、焼却時にCO_2を出します。ただし、野菜くずや木材などの生物資源（バイオマス）はCO_2排出量としてカウントされないため、主にプラスチックの燃焼に伴うCO_2排出となります。日本では、容器包装や日用雑貨などプラスチック消費量が多く、１人あたりの年間消費量は、米国に続く第２位で106kgです。

プラスチック消費量については、半減できると仮定します。もちろん、医療や衛生面でどうしてもプラスチックが必要なところはありますが、食料品等の包装を減らし、プラスチック製品を大切に使うようにすれば、十分に半減は実現可能だと思われます。

サーキュラーエコノミーという考え方も広がってきています。大量生産・大量消費・大量廃棄ではなく、できるだけ環境負荷の小さい形で機能を提供していくという考え方です。日本でバイオマス以外の物質の消費量を半分に減らすことができれば、廃棄物燃焼から生じるCO_2排出量も半減できると考えられます。

■ CO_2削減量の合計

ここまでの部門別の考察のまとめとして、現在の電力排出係数を用いて、CO_2排出量の削減を計算してみた結果が**図 3-14**です。この図で分かるように、活動量の削減と電化だけでも、2013年比21％の２億８千万トンが減らせます。さらに、電力の非化石電源構成比を70％にできれば、50％の削減が可能ということが分かりました。つまり、人口の自然減、１人当たり活動量の無理のない範囲での削減、熱利用や移動の電化、そ

図3-14　日本全体のCO_2削減量

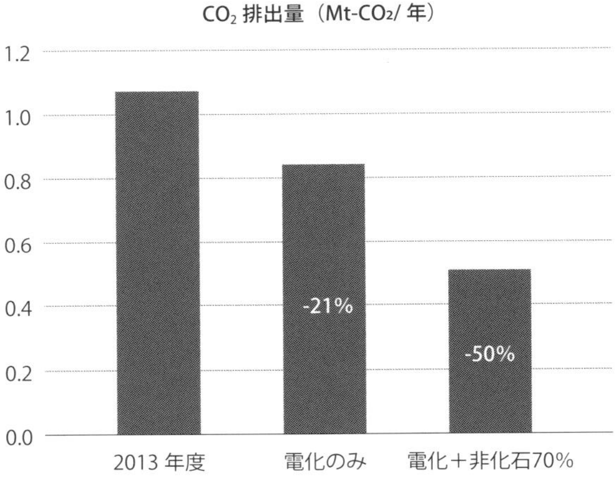

出典：自然電力による推計

して、電力の70％の非化石電源化によって、半分のCO_2排出量の削減が可能ということです。

電力の脱炭素化

次に、電力の排出係数を考えていきます。電力は、その発電方法によってCO_2排出量が異なり、**図 3-15**のように、化石燃料の火力発電からはCO_2が排出され、非化石電源からは排出されません。よって、非化石電源を増やせば、電力からのCO_2排出が減るのですが、そうは簡単にいかないのが、電力の難しいところです。電力には、同時同量という縛りがあります。これは、発電した電力と同じ電力を同時に消費しないといけないということです。太陽光発電と風力発電の発電量は、日射量や風速任せです。こうした発電設備をどんどん増やしても、需要（消費される電力）以上の分は、捨てるしかないということになります（「捨てる」

図3-15 電源とCO_2排出係数

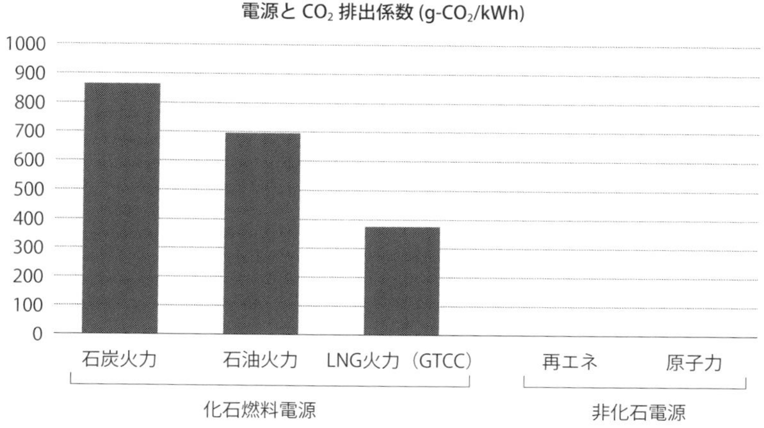

出典：日本原子力文化財団「原子力・エネルギー図面集」
https://www.ene100.jp/zumen/2-1-9を参照して、自然電力が作成

と書きましたが、実際には発電出力を抑制します)。よって、再エネを増やしても単純にその分だけ、火力発電による電力量が減って、排出係数が下がるというものではありません。原子力については、技術的には出力を変動させる運転も不可能ではないですが、日本では定格100％運転が原則となっていますので、需要に合わせての運転は現時点ではできません。すでに述べているように本書では、日本にとってより持続可能なエネルギーとして再エネを優先して考えていきますので、ここからは、再エネ、特に規模が稼げるVRE導入拡大による電力の脱炭素化を考えていきます。

■ VRE導入量と再エネ率の関係

VREをたくさん導入すれば、その分だけ電力の再エネ比率が増えるというものではありません。それは、VREが需要に合わせて発電できず、

お天気任せなので、需要よりも発電量が多かった場合には余りますし、需要よりも少ない時には足りなくなるからです。そこで、VREが増えれば、どのように再エネ率が高まっていくのかという特性を理解していきたいと思います。特性を理解するために、シンプルなシミュレーションをしました。1つの電力エリアだけで、送配電設備の熱容量制約も加味せず、他の電源は調整用の火力だけと仮定した簡易的な需給シミュレーションによって、VREと再エネ率の関係を計算しました。

シミュレーションの前提ですが、まず、需要は、九州エリアの2017年の実需要を用います。九州エリアは、ちょうど日本全体の10分の1くらいのサイズなので、九州での分析内容を10倍すれば日本全体の規模感になります。太陽光発電量は、各県の県庁所在地の2017年の日射量データから計算しました。風力発電量は、九州内の主だったウィンドファームのある地域の気象データを用い、観測所とウィンドファームとの年間平均風速の差を補正して算出しました。その他の電源は、燃料種別は考えず、火力発電としています。火力発電所には、最低出力や起動にかかる時間などが必要ですが、こうした部分は、一旦、考慮していません。また、送配電系統の熱量制約も加味せず、あくまでも、エリア全体での需給バランスだけでシミュレーションしました。

まずは、太陽光発電と風力発電のそれぞれを導入した場合に、発電設備導入量に対するそれぞれの電源構成比がどのように変化するのか、その特性を見ていきましょう。**図3-16**は、横軸に太陽光・風力の導入量（VRE導入量)、縦軸に電力需要に対する太陽光・風力の電力の割合(VRE率）です。**図3-16**の（a）は、太陽光発電設備の導入量に対するVRE率の変化ですが、VRE率22%くらいまでは、設備導入量に対して比例して電源構成比が増えていきますが、それを超えると急激に電源構成比が低減します。これは、太陽光発電が夜間は発電しないこと、朝夕の発電量が小さいこと、曇天日にも発電量が小さいことで、発電設備を増やしても、どうしても需要を賄えなくなっていくためです。この図では、太陽光発電設備をいくら導入しても、電源構成比は50%に届かないのは、

図3-16　VRE導入量とVRE率

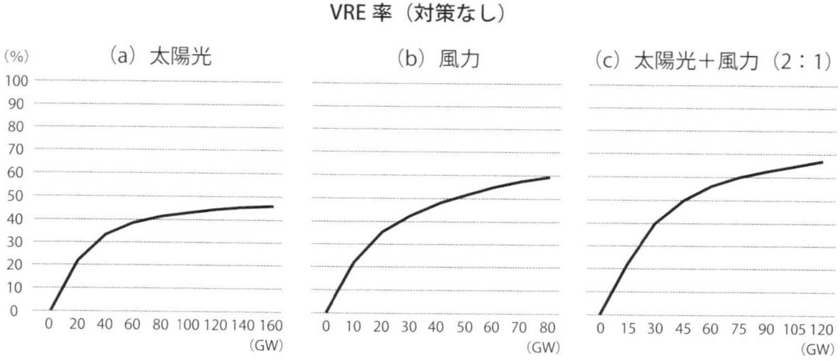

出典：自然電力によるシミュレーション

太陽光発電では夜間の発電ができないからです。風力発電の場合（b）は、太陽光発電設備よりも逓減の程度が小さいですが、電源構成比30％くらいまではほぼ比例して電源構成比も増えますが、それ以上では逓減していきます。さすがに太陽光だけ、風力だけで需要を賄うことは難しいのです。

次に、太陽光と風力を組み合わせることを考えてみます。日射が無くても風が吹いている時間もありますし、風が無くても日射がある時間もありますので、相互に補完し合う可能性があります。**図 3-16**の（c）は、太陽光と風力の発電設備をそれぞれ2：1の割合で組み合わせて、増やした場合の電源構成比の変化です。風力発電設備は、太陽光発電設備よりも同じ発電設備規模でも、年間では約２倍の電力量を発電しますので、発電設備を太陽光と風力それぞれ2：1で組み合わせるのは、発電する電力量ではおおよそ1：1となります。日本のように晴れ、雲り、雨といった気象変化のある地域では、太陽光と風力の発電量が1：1になるように組み合わせるのが良いと言われています。（c）の図を見ると、(a)や（b）と比べ、電源構成比の逓減量が改善しています。太陽光と風力をバランス良く導入していくことが良さそうです。今の日本での導入量は、太陽光60GWと風力4GWですので、現状のバランスは良くないと言えます。

調整可能需要によるVRE率の変化

脱炭素のために、熱利用や移動を電化することが効果的ですが、これらの電化は、VREの導入にとってもプラスに働く側面があります。それは、熱利用の電化の場合は、電気でお湯をつくるのには時間がかかるために、タンクが必要となるのですが、そのタンクの存在が逆に、お湯を沸かす時間を調整可能にしているのです。移動の場合は、蓄電池に電力を充電する必要があり、その充電する時間を調整することが可能です。つまり、電化による新たな電力需要の多くは、電力系統の需給バランスにおいて、VRE発電量が大きく、供給が余剰である時間帯に受電するように制御することが可能なのです。こうした需要を「調整可能需要」と呼びたいと思います。

図3-17と**図3-18**は、電化が進んだ需要の前提でVRE導入を増やしていった場合のVRE率と出力制御率の低下のシミュレーション結果です。このシミュレーションでは、家庭と業務の給湯が100％電化され、自家用乗用車も100％電化するという仮定で計算したところ、電力需要量が17％増えました。VRE率は、VRE率の分母である電力需要が大きくなりますので、VRE導入量が低いところでは、電化した方がVRE率は下がりますが、VRE導入量が増えれば、より多くのVRE余剰電力を有効活用でき、VRE率も高くなります。

今回の計算では、家庭と業務の給湯と自家用乗用車を電化すると仮定しました。それらは、調整可能需要ですので、1日の中でVRE発電量が多いような時間に沸き上げや充電を行うように計算しました。このように計算した結果が**図3-17**、**図3-18**です。太陽光と風力を比べると、太陽光の方が再エネ率の改善が大きく見られました。これは、調整可能需要が1日単位で調整できるのに対し、太陽光発電が1日周期で発電量を変動させる（昼間発電して、夜間発電しない）ため、調整できる量が

図3-17 VRE導入量とVRE率（電化）

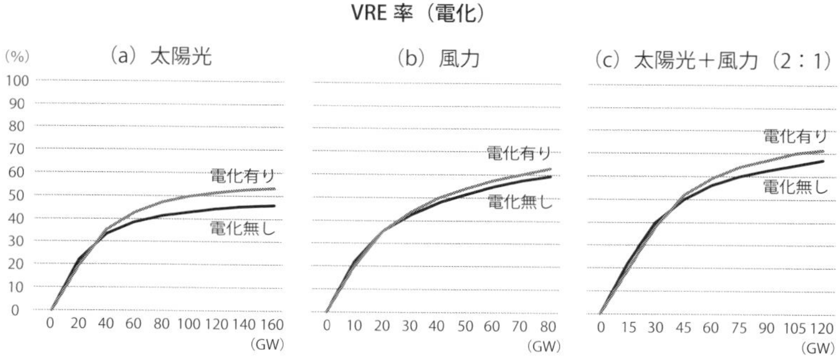

出典：自然電力によるシミュレーション

図3-18 電化による出力制御率の低下（電化）

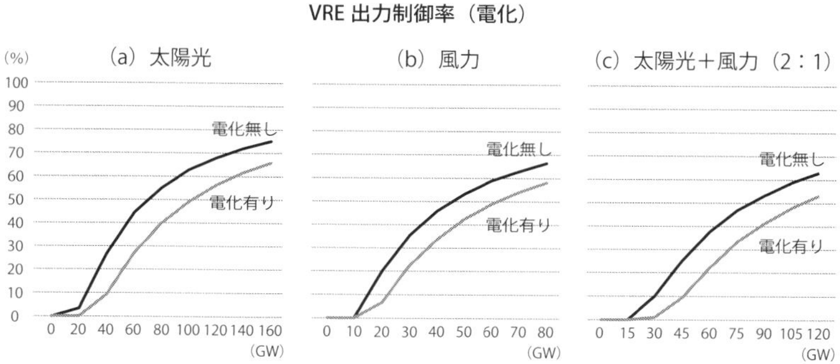

出典：自然電力によるシミュレーション

多くなるためです。

■ 蓄電池導入によるVRE率の改善

次に、蓄電池の導入を試算しました。EVも蓄電池ですが、上記では

図3-19　VRE導入量とVRE率（電化＋蓄電池）

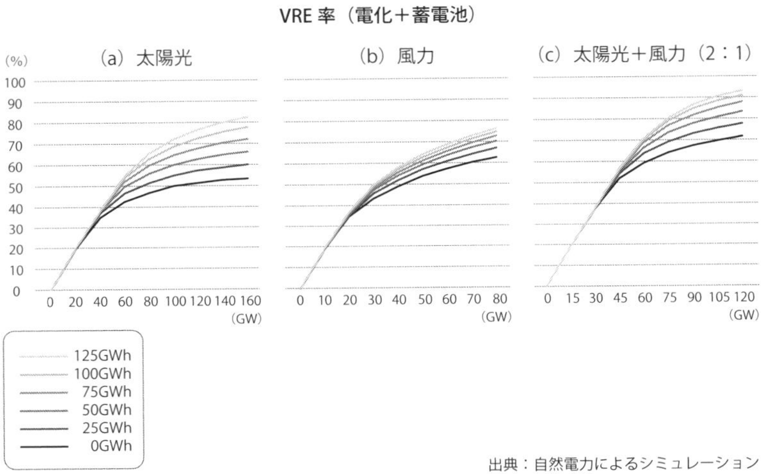

出典：自然電力によるシミュレーション

図3-20　電化による出力制御率の低下（電化＋蓄電池）

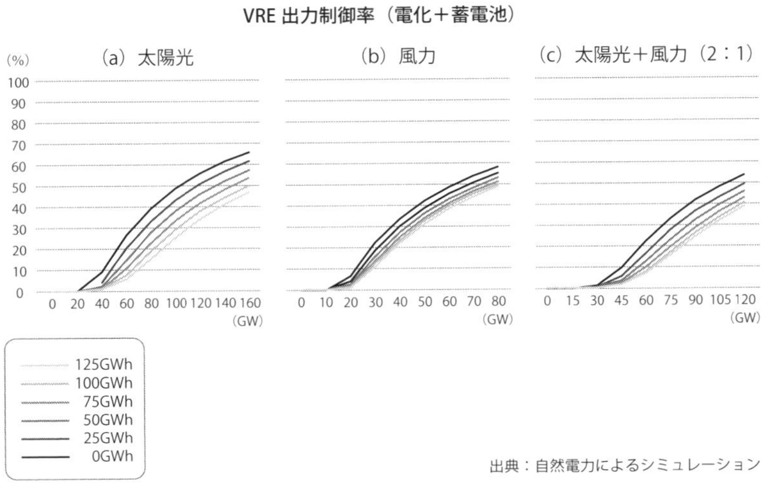

出典：自然電力によるシミュレーション

あくまでも需要の時間の調整だけでしたが、ここでの蓄電池の考慮は、残余需要が高い時間帯に放電することで、火力発電の電力量を減らすことになります。計算の結果、蓄電池を多く導入するほど、VRE率が高くなりました（**図 3-19**）。出力制御率も蓄電池を多く導入することで低くなっていきます（**図 3-20**）。太陽光と風力では、太陽光の方が蓄電池の効果が大きく現れています。蓄電池は、充放電回数が増えるほどにその効果が大きくなります。電力需要と太陽光発電の周期は、１日ですが、風力発電の周期は、数日〜１週間程度であり、蓄電池が有効に利用され難いと言えます。つまり、蓄電池も調整可能需要と同様に、太陽光発電と相性が良く、風力とは比較的相性が良くないということになります。

以上のような特徴を踏まえれば、VRE導入は、太陽光発電設備や風力発電設備の拡大だけではなく、ヒートポンプ給湯やEVのような調整可能需要や蓄電池の拡大も合わせて、進めていくことが有効だということが分かります。

■ 日本全体でのシミュレーションと発電コストの試算

VRE発電設備の導入量に対して、電力の総供給量のうち何％が賄えるようになるのか、今度は日本全体でのシミュレーションをしてみたいと思います。シミュレーションする範囲は、沖縄を除く９エリアで、連系線も使う想定です。また、太陽光と風力以外の再エネも一定容量が導入される前提で計算します。また、最後のCO_2削減量の部分では、原子力発電所の稼働状況を３ケースおいた計算も行います。

計算フローチャートと計算の条件は、それぞれ**図 3-21**と**図 3-22**のとおりです。その前提で、365日24時間の１時間ごとに、各エリアの電力需要量と太陽光/風力の発電量を計算し、電力の余剰や不足をエリア間でやり取りした結果として、太陽光/風力などの再エネが占める電力量の割合（電源構成比）を算出しました。

シミュレーションの結果が、**図 3-23**です。**図 3-16**から**図 3-20**まで

図3-21　計算フローチャート

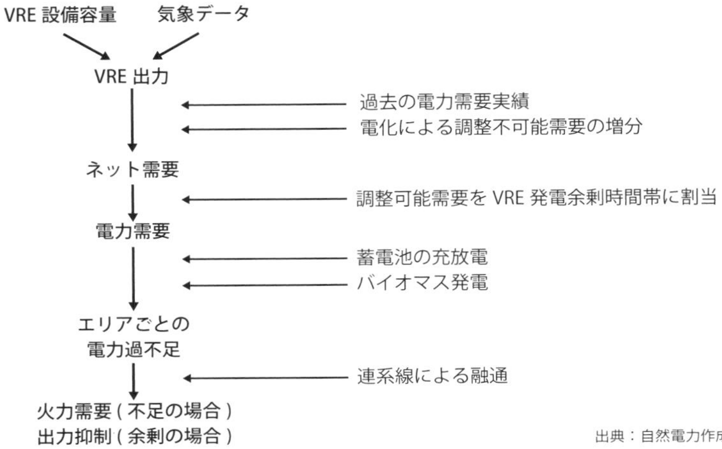

出典：自然電力作成

図3-22　計算の条件

項目	集計範囲	元となるデータ
電力需要	エリア別	
調整可能需要	〃	
EV		日本交通政策研究会「自動車交通研究 2020」統計より推定 EV の充電端→駆動輪までの効率は内燃機関の 4.8 倍を仮定
給湯		EDMC「エネルギー経済統計要覧 2020」より電化による需要増分を推定
調整不可能需要	〃	
ベース需要		2017 年度需要実績
厨房 , 冷暖房		EDMC「エネルギー経済統計要覧 2020」より電化による需要増分を推定
発電設備		単純化のため、調整力としての火力 及び 再エネ から構成
火力発電	全国	LNG 及び石炭火力とし、現状と同じ設備容量を想定
再生可能電源		
太陽光発電	都道府県別	NEDO「年間時別日射量データベース (METPV-11)」
風力発電	地域・海域別	陸上はアセス案件の分布を、洋上は風速を参考に独自に想定
地熱発電	全国	設備容量 1.5GW、稼働率 95% で固定
水力発電	全国	設備容量 25GW、稼働率 40% で固定
バイオマス発電	全国	設備容量 7GW、火力同様に調整力として運転

出典：自然電力作成

図3-23　再エネ導入量と再エネ率

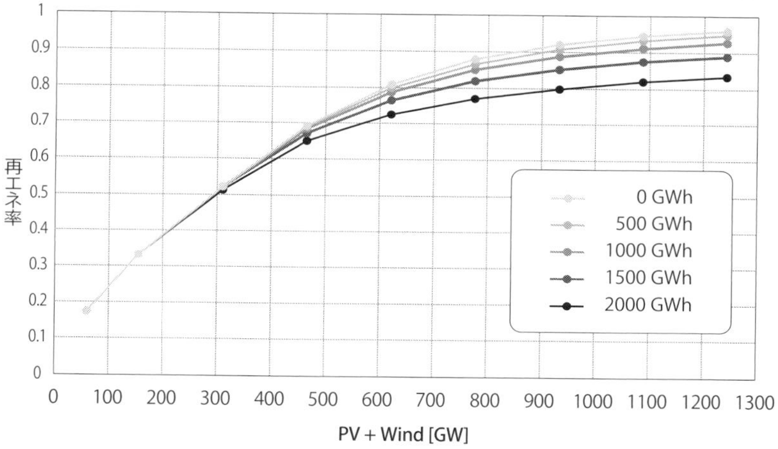

出典：自然電力によるシミュレーション

の計算結果のVRE率よりも、水力発電等の太陽光と風力以外の再エネが入っているため、再エネ率は高くなっています。また、エリアも全国に広げており、発電量や需要が広範囲になることで、均し効果が生まれるので、それによってVRE率が高まる要素があります。一方で、あるエリアでVRE発電量が大きくても、連系線の制約で隣のエリアに電力が供給できずに、VREの出力制御が高まり、VRE率が下がる要素もあります。この結果をみるとVREと電化と蓄電池を大量に導入すれば、再エネ率80～90%も可能だということが分かります。

次に、発電コストの試算をしていきたいと思います。経済性を無視して、再エネ導入を拡大することはできません。VRE導入を進めていった場合の、日本全体での火力も含めた発電コストを試算したいと思います。**図 3-24**のように１年間の発電出力１kW当たりの固定費と発電量１kWh当たりの変動費で整理しています。固定費は、発電してもしなくても発電所があるだけでかかるコストです。変動費は、火力発電所の燃料費に相当する部分で、太陽光、風力、蓄電池には燃料がかかりませんので、変動費はありません。火力発電所のコストは、政府の発電コスト計算でも使われている水準で、太陽光、風力、蓄電池は、世界標準で考えたときに日本でも不可能ではないと思われる水準のコストを入れています。

この前提で、一旦、原子力発電がないケースで、計算した結果が**図3-25**です。横軸が再エネ率であり、再エネ率を高めるようにVREを増やしていった場合の1kWh当たりの発電コストを縦軸に取ったグラフになります。グラフが複数本ありますが、これは、蓄電池導入量を0～2000GWhまで500GWhずつ増やした場合での発電コストです。蓄電池を入れれば、その分だけコストは上がりますが、VRE導入量が増やした再エネ率の高い領域では、蓄電池によって、VRE出力制御が抑制されるため、蓄電池を導入した方が、発電コストが小さくなるようになります。

発電コストを考える上で、1つ考慮しておきたいことがあります。それが、火力発電所の起動時の燃料費です。太陽光発電が増えると、火力発電所を昼間は停止し、夜間に運転するようになりますが、このために燃料を余計に消費しています。1日で火力発電所を停止＆起動することをDSS（Daily Start and Stop）と言います。具体的には、停止時にもすぐに起動できるように、燃料を焚いていますし（これを「バンキング」と言います）、バンキングから発電までの間にも燃料を消費します。昼間の停止＆起動で、定格出力運転時の約1時間分の燃料を消費してしまいますので、そのコストは小さくはありません。この火力発電の停止＆起動をシミュレーションに反映したかったのですが、今回の簡易的なシミュレーションでは、火力でバンキングしておくべき容量を計算できませんでした。そこで、ざっくりDSSに必要な燃料費を計算します。仮に、LNG火力発電全基に相当する67GWが、毎日、昼間に停止＆起動を行っているとすると、67GW × 1時間 × 365日 × 8円/kWhで、約2,000億円の燃料費が追加となります。これは、1kWh当たり0.17円/kWhに相当しますが、**図3-25**に反映できていませんので、留意してください。こ

図3-24　発電コストの計算条件

発電種	固定費	変動費
石炭火力	30,000 円 /(kW・年)	5 円 /kWh
LNG 火力	15,000 円 /(kW・年)	8 円 /kWh
太陽光	9,000 円 /(kW・年)	—
風力	19,000 円 /(kW・年)	—
蓄電池	転換コスト 1,000 円 /(kW・年) 貯蔵コスト 2,500 円 /(kWh・年)	—

出典：自然電力作成

図3-25　VRE 率と発電コスト

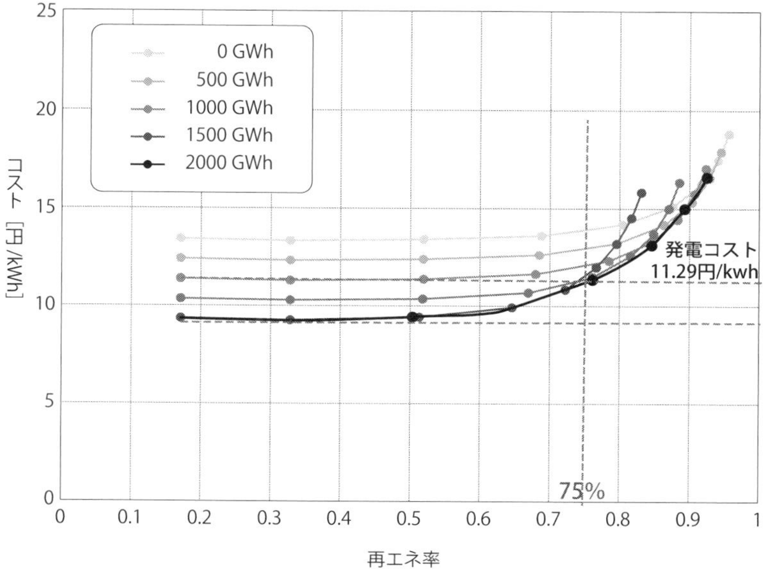

出典：自然電力によるシミュレーション

こでは、一旦、VRE拡大によって、DSSのために最大2,000億円の燃料費が追加的に必要になる可能性があるとしておきたいと思います。

なお、将来的には、バンキングの加温や起動をVREの余剰電力を使って行うことも考えられます。DSSが必要なのは、VRE発電量が多い日ですので、合理的な選択肢と言えます。もちろん、火力発電を起動できるだけの電気ヒーターは、かなりの規模になり、コストも小さくはありませんが、化石燃料の消費量削減によって、投資回収できる可能性は高いと思われます。

いよいよ、経済合理的な水準で、どこまで再エネが導入可能なのかを考えていきたいと思います。経済効率性だけを考えれば、再エネ率30%台で留めておくのが良いのですが、エネルギー安全保障や地球温暖化を鑑みれば、経済効率性を多少損ねても、再エネをもっと導入すべきと考えられます。むしろ、エネルギー安全保障や地球温暖化のリスクを鑑みて、経済効率的な点よりも再エネ導入率が高い水準が経済合理的な点と言えると思われます。

経済産業省は、FIT制度における国民負担の考え方として、電気代の２割程度が上限と整理しており、私たちもそこまでなら国民の理解が得られると考え、電気代の２割増しを国民が許容でき、３Eがバランスする点としてみました。

国民がエネルギー安全保障向上のために許容可能な電力価格の上昇を２割と仮定すると、現在の日本全体の電力売上を20兆円とすると、需要が増えた分（913TWh⇒1,028TWh）を加味して、コストアップできるのは、4.5兆円となります。火力の昼間の起動停止の0.2兆円を引いて、年間需要量1.028TWhで割ると、4.18円/kWhとなります。半分を送配電系統対策に用いるとして、発電コストの上昇に2.09円/kWh使えるとすれば、**図3-25**の最も安い状態での発電コスト9.20円/kWhに、その2.09円/kWhを足して、11.29円/kWhが許容される水準と言えます。

これを**図3-26**の発電コストのグラフに落としこんでいます。このグラフでみると、11.29円/kWhは、再エネ率が約75%のところになりました。

図3-26　カーボンニュートラル前編でのCO_2削減

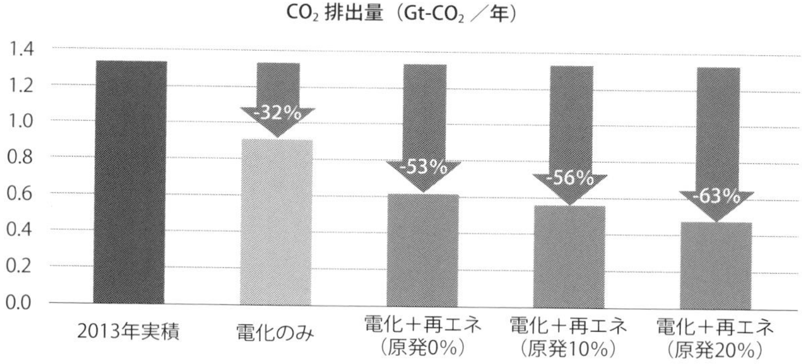

（シミュレーションの条件）
電化　：家庭と業務⇒100%、旅客運輸（自動車）⇒100%、産業（非素材製造のみ）⇒80%
　　　　新規で電化した需要のうち 8 割が調整可能電源
再エネ：太陽光 400GW、風力 200GW（陸上風力換算、洋上風力換算 150GW）
蓄電池：500Wh（定置型と系統接続 EV の合計）

出典：自然電力作成

この時の太陽光、洋上風力、蓄電池の導入量は、それぞれ約400GW、約150GW、約500GWhとなります。

そして、この前提で、日本のCO_2排出量を計算すると（**図 3-26**）、原子力発電がゼロのケースでも53%の削減になります。つまり、既存技術で、経済合理的な範囲内での対策で、CO_2排出量の半減が可能なのです。これが、カーボンニュートラル前編なのです。

第3章 まとめ

経済合理的な範囲でCO_2半分削減が可能

私たちの試算の結果では、既存技術である①熱利用と移動の電化、②太陽光発電と風力発電、③蓄電池の大量導入により、再エネ75%（電源構成比）までは、経済合理的な範囲で増やせる可能性があると判明しました。そして、その条件でCO_2排出量を計算したところ、2013年比で約50%削減となりました。これがカーボンニュートラル前編です。カーボンニュートラルの実現には、技術革新も必要ですが、既存技術でできることを、最速で実現していくことが重要と思われます。

もちろん、コスト計算で前提とした太陽光発電、風力発電、蓄電池のコストは、日本ではまだごく一部の案件でしか実現していない水準ですが、私たちの考えでは、日本でも広く実現可能なコスト水準です。自然電力は、このコスト実現に向けて挑戦を続けています。

カーボンニュートラル前編の実現には、発電コストだけでなく、送配電コストや需要側での設備費が上がる可能性があります。一方で、都市ガスやガソリン等の燃料から電力に変わることによる１次エネルギーコストの削減もあります。少なくても、家庭部門では設備費増加を加味しても、電化による燃料費削減の方が大きく、コスト削減が見込めますし、業務部門でも電化設備の普及によって設備価格が下がれば、コスト削減になる可能性があります。ＥＶも今は高級車ですが、エンジン車よりシンプルな構造であり、ガソリン車より安くできる可能性も高いです。社会全体がカーボンニュートラル前編の世界を前提として、効率化していくことで、設備コスト増加を燃料費削減以下に抑えられ、経済効率性も高めた形で、CO_2排出量の半減が可能だと考えられます。

日本にとって、カーボンニュートラル前編における最も大きな意味は、化石燃料の消費量が小さくなることではないでしょうか。私たちの試算では、化石燃料の輸入額が３分の１に減ることが判明しました。約13兆円の貿易収支の改善が見込まれますので、日本経済にとって大きなことです。また、これまで化石燃料購入に支払っていたお金は、再エネが立地する地方に支払われるようになります。太陽光発電事業の場合、できるだけ地元で完結するように事業を行えば、売電収入の約７割が地域に落ちます。地方が日本のエネルギー自給を支え、その対価として利益を上げられ、地方が自立していけるのです。

さらに言えば、化石燃料の消費量を減らすことは、化石燃料が持つ将来リスクを軽減することにもなります。化石燃料を取り巻く状況は、ますます厳しくなってきています。新型コロナウイルスによる経済停滞後には、その反動で需要が伸びた一方で、化石燃料需要への将来見通しの厳しさから、生産設備への投資が滞っており、化石燃料不足による価格高騰が起きています。また、世界が脱炭素に向かえば向かうほど、化石燃料の産出国は、収益維持のために単価を上げるように動いてくると考えられますし、ボラティリティが拡大する可能性は高いと言えます。化石燃料輸入に依存し続ける国は、そのリスクに晒され続け、そのリスクはますます大きくなっていくのです。こうした化石燃料の将来リスクを鑑みれば、日本がカーボンニュートラル前編を最速で実現しない理由はないと思われます。

第4章

カーボンニュートラルへのシナリオ

第3章の試算で、CO_2排出量の約半分の削減が既存技術で、経済合理的に実現可能であることが分かりました。本章では、カーボンニュートラル前編が、日本のエネルギー政策の3Eにとって、どのような意味を持つのか整理をした後に、カーボンニュートラル前編の実現における課題を整理していきたいと思います。

■ 3Eの同時実現

第3章の試算結果から言えることの1つは、3Eである「経済効率性」「エネルギー安全保障」「環境」がカーボンニュートラル前編においては、同時に実現できるということです。具体的には、電力コストが約2割増しの範囲内で（エネルギー全体のコストは上がらない可能性もある）、海外からのエネルギー依存度を3分の1に削減し、CO_2排出量を2013年比で半減できるのです。このことをメカニズムで理解しておきたいと思います。

図4-1は、3Eに“停電の頻度”という電力の質の要素を加えた4つについて、日本における相互関係を示しています。再エネ導入によって、環境も高めて、エネルギー安全保障も高められますので、環境とエネルギー安全保障は、正のフィードバックの関係ですが、その他の関係は、これまでの日本では、負のフィードバックとなります。環境とエネルギー安全保障に良いから再エネを導入したくてもコストが高く経済効率も悪くし、電力需給バランスを難しくして電力の質も悪く（停電リスクを高く）しています。

しかし、第2章で説明した技術発展「太陽光発電/風力発電のコスト

図4-1　３Ｅ＋「電力の質」の相互関係（これまで）

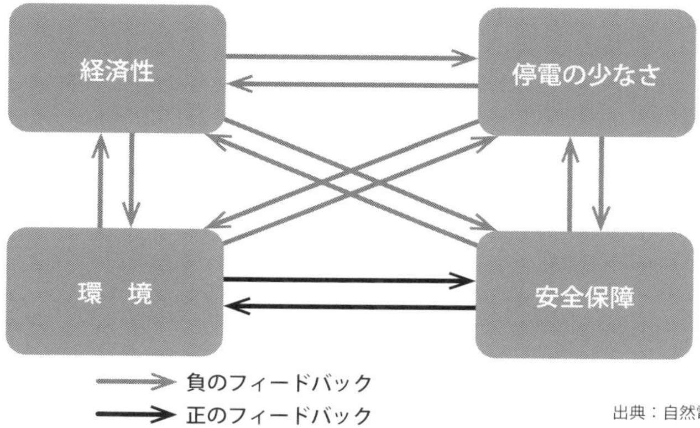

出典：自然電力作成

図4-2　３Ｅ＋「電力の質」の相互関係（カーボンニュートラル前編）

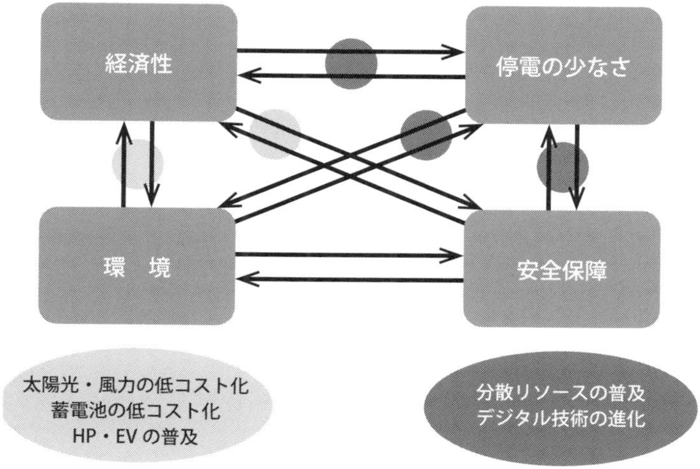

出典：自然電力作成

低下」「蓄電池のコスト低下」「デジタル技術の進化」がこれらの関係を変えようとしています。つまり、環境とエネルギー安全保障に良い太陽光発電や風力発電が、経済効率性を落とすことなく導入できるようになり、蓄電池の導入で電力需給バランスの問題も解決していき、デジタル技術が電力の質も維持できるようにするのです。これらのトレンドによって、**図 4-2** にあるように負のフィードバックが正のフィードバックに変わり、４つの要素のすべてを同時に向上させることができるようになるのです。

こちらを上げれば、あちらが下がるという負のフィードバック関係があるときには、利害関係が生まれてしまい、全体としての調整が難しくなります。政府の役割は、その調整となりますが、３Ｅ同時実現の世界では、どの要素を重視するか関係なくなり、いかに速く社会転換を進めるかが重要となります。社会というものは、慣性力のような保守的な力が働いているものなので、政府によって、社会転換のための環境整備が必要です。もちろん、社会の変化の中で、不利益を被ってしまう人もいますので、そうした人への手当も必要です。つまり、これからの政府の仕事は、３Ｅのバランスを取ることではなく、カーボンニュートラル前編による３Ｅ同時実現を最速で実現するための政策の実施となります。

▩ 前編と後編の時間軸

カーボンニュートラルの前編と後編が完成するために必要な時間について考えてみたいと思います。ここで後編も考えるのは、あくまでも温室効果ガスの排出量ゼロがカーボンニュートラルのゴールであることから、時間軸に関しては、後編も考慮する必要があるからです。その中で、前編の完成にかけられる時間軸を考えていきたいと思います。

時間の考え方ですが、３Ｅのうちのエネルギー安全保障と環境は早ければ早いほどいいものですが、経済性についてはそうは言えません。その１つにインフラや設備の更新タイミングがあります。発電所等への設備投資については、その設備を長く使うほどに経済効率的になります。火力発電所であれば、少なくとも30年は使いたいところです。また、導入するために必要な建設などの人材やその産業も必要です。このように経済効率性や導入体制を考えて、一定の期間がかかるものです。具体的にどれくらいかかるものか、分野ごとに考えてみましょう。

まず、太陽光発電ですが、これから普及させるものですので、設備更新を気にする必要はなく、短期間で400GWを整備することも考えられます。FITのメガソーラーバブルのように、急激にマーケットが広がって、その先が無くなってしまう形であれば、産業として健全なものにはなりませんので、ある程度の期間をかけるべきと考えられます。また、建設していく人材やその体制を確保する必要があります。よって、これまでの日本での最大の年間導入量は、約10GW/年となっています。ドイツの太陽光発電所での建設現場の労働生産性は、日本の2倍くらい高いので、同じ数の建設職人でも倍の年間導入量は可能ですので、20GW/年の導入は不可能ではないと思います。ただし、現在の年間の新規案件容量が2GW程度なので、まずは、これを10～20GWの規模に拡大することが必要です。年間平均15GWとすると、新たに320GW（前編導入量400GW－現状80GW）を導入するために20年が必要です。後述しますが、太陽光発電の課題として、地域合意形成や系統接続もあるので、その解決を5年程度で行い、その後、設備を拡大していくと考えると25年は必要と言えそうです。

洋上風力発電については、日本ではコストが十分に下がっていないので、まずはコストを下げる必要があります。プロジェクトが巨大すぎて、コストダウンに向けた試行錯誤のサイクルが長くなってしまい、最速でできたとしても、10年くらいはかかると思われます。また、洋上風力発電の建設のためには、専用の船などが必要であり、その設備の償却を考えると、30年くらいかけて建設していくことが経済効率性の高い方法となります。よって、風力発電設備を前編に必要な規模だけ整備するために、低コスト化の10年と建設の30年を足して、40年くらいかかるということになります。

熱需要と移動の電化については、それらの既存の機器、給湯器や自動車の一般的な使用年数は、10〜15年くらいですので、それくらいの期間ですべてを変えていくことができます。変えるための準備も考慮して、20年程度で実現も可能だと考えられます。

蓄電池については、リチウムイオン電池のコストがかなり下がっているのですが、リチウムイオン電池だけに依存すれば、リチウム資源の問題も生じますので、ナトリウムイオン電池などの電池も必要であり、技術が進展しながら、普及が進んでいくものだと思われます。また、蓄電池の経済性が高まるためには、VREが多い方が、充放電による経済メリットが高まるため、VREの拡大が必要です。すでに述べたように、蓄電池は太陽光発電と相性が良いので、太陽光発電が25年程度で400GWレベルに増えるのを追いかけて、蓄電池は30年程度で拡大していくことが経済効率的と考えられます。

なお、カーボンニュートラル前編の後の、さらにCO_2排出量50％削減の後編では、技術革新が必要ですので、最速でできたとしても、2030年までに革新的技術が実用化され、その後の30年で現在のエネルギーインフラからの転換がされると仮定して、2060年にカーボンニュートラルが実現するということになります。以上のように、最も早くできた場合でも、カーボンニュートラルの完成は2060年ごろとなります。

一方で、気候変動緩和に求められているスピード感は、2050年までにカーボンニュートラルにすることであり、日本も2050年までにカーボンニュートラルにする目標になっています。さらに、2050年時点でカーボンニュートラルになっていれば良いというものではなく、産業革命前と比較して世界全体の年間平均気温を1.5℃上昇以内にするためには、**図4-3**のようにCO_2排出量を減らしていくことが必要です。

つまり、2050年にカーボンニュートラルを実現するということは、社会インフラを更新する経済効率的な速度よりも速く転換していくことが必要です（**図4-4**）。逆に言えば、2050年に間に合わせようとすれば、経済効率性を多少犠牲にする必要がありそうです。この経済効率性の悪

図4-3　排出シナリオ

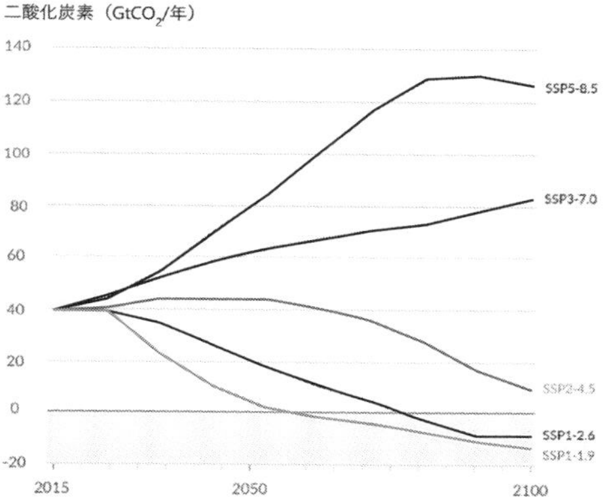

SSP に続く数値が温度上昇の幅を示す。
1.5℃上昇に抑えるためには、SSP1-1.9 シナリオのように CO_2 排出量を削減していくことが必要。

図4-4　バックキャスティングとフォアキャスティングのギャップ

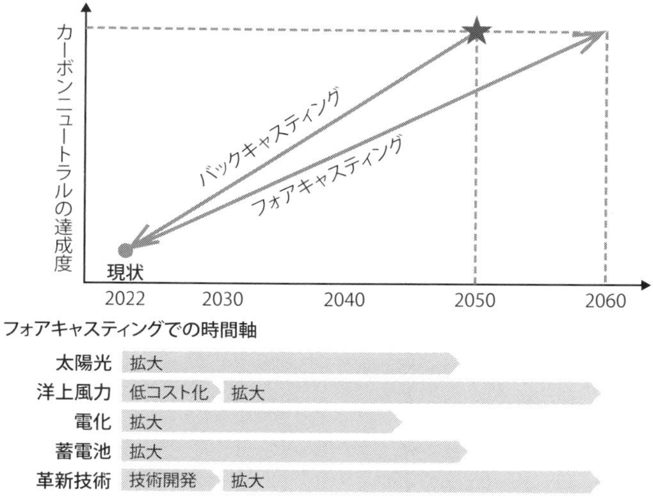

出典：自然電力作成

化に対する１つの考え方として、国内での経済効率性が悪くなる分（それを投資と見なす）、日本の産業が発展して、海外から利益を上げる（投資に対するリターンを得る）ということがあります。日本の産業が世界で利益を上げるには、世界をリードする必要があります。日本は、太陽光発電にも風力発電にも決して有利な気候ではありませんが、もし、それを乗り越えられるエネルギーインフラを実現できるとしたら、その技術等は、世界に付加価値を与えることができ、利益を上げられると考えられます。

こう考えていくと、2050年カーボンニュートラルからの逆算（バックキャスティング）と現状から最大限の努力を行った場合の積み上げ（フォアキャスティング）の差をどう埋めるかが政府や民間企業における戦略になります。

その戦略の１つが技術革新です。より早く革新的技術を実用化させられれば、カーボンニュートラルの実現が早められます。技術開発の進展は、失敗の数で決まります。失敗は、それだけ挑戦することが必要で、それだけ投資が必要です。また、技術革新の中でも、敢えて更新周期の早い技術を優先させることが有効と思われます。例えば、更新周期が30年の技術よりも、20年の技術が実用化すれば、カーボンニュートラルが2050年に間に合います。経済効率性の面でも、社会の変化が激しいときなので、更新周期が長いというだけでリスクとなります。よって、更新周期が短く、１つの規模が小さい技術を優先させることで、社会の変化に対応ができます。また、そうした技術は、世界に展開するのも早いため、世界との競争でも優位になります。実際に、新興国で太陽光発電所や風力発電所が急激に増えましたが、その理由はコストの安さもありますが、火力発電所に比べて、短期間での実現が可能だということも大きな理由です。

もう１つ考えなければいけない戦略が、エネルギー転換によって事業継続が困難になる事業者や失業する労働者への対策です。走っている自動車が急には曲がれないように、社会も急には変われません。急に変わろうとすれば、社会のどこかにひずみが生じるものです。多少のひずみは、社会保障でカバーできるかもしれませんが、ある一線を越えると、自動車が横転するように、社会も非連続的な影響を受け、社会保障も機能しなくなります。そうならないよう、自動車の場合は、カーブの手前で減速する必要がありますし、社会においても備えをしておく必要があります。例えば、第3章のシミュレーションでは、家庭部門と業務部門の熱需要について100％電化するという仮定を置いています。これは、LPガス事業者や地方の都市ガス事業者は、現在のガス販売事業がなくなってしまうことを意味します。この現象が準備なく訪れるのか、準備できた上で訪れるのかで大きく異なります。本気でカーボンニュートラルを目指すのであれば、政府が具体的なエネルギーインフラ転換のシナリオを示した上で、その準備への支援策を講じる必要があります。カーボンニュートラルの社会も、いきなり完成形ができるわけではなく、時間をかけて形成されるものです。このように、エネルギーインフラ転換に必要な政策は、「経済インセンティブだけを与えて、あとは市場任せ」ではなく、ある程度具体的にエネルギー転換を計画し、それに基づいた転換補償枠組みを用意する必要があると思われます。

■ カーボンニュートラル前編が完成した社会

次にカーボンニュートラル前編によって、どのような社会になるのか想像していきたいと思います。すでに述べたように、前編と後編は、時間軸できっちり分かれるものではなく、前編が進みながら、後編も進んでいく形となります。よって、ここでイメージするのは前編の完成イメージだけであり、実社会は、同時に後編が進んでいるようになると考えられます。後編でどのような技術が普及していくのか、まだ分からないので、以下の想像は、あくまでも前編の部分だけになります。

身近なところで、私たちの暮らし（家庭部門）から想像していきます。家庭部門のエネルギー源は、ほぼ100％電化になっていると考えられます。現在、石油製品やガス製品を利用している暖房も給湯も厨房も電気になります。暖房と給湯は、ヒートポンプでお湯をつくって、それを暖房にも使います。温水を使った暖房システムとして、温水式床暖房や輻射熱パネルがありますが、それらはとてもコストがかかる設備であり、普及が難しいという点があります。しかし、最近、住宅で採用が広がっている床下エアコンで、エアコンを温水式にすることで、温水でも低コストで暖房が可能になります。「ほぼ100%」としたのは、一部に都市ガスが残る可能性があるからです。例えば、厳寒期の電力供給力不足を補うために、給湯や暖房については、ガス製品とのハイブリッド給湯システムが有効です。電化が進むことで、特に冬季の給湯・暖房によって、電力需要が大きくなりますが、厳寒期の日射も風速も弱いと太陽光と風力の発電量も少なく、どうしても供給力不足に陥ってしまう数日間が存在します。不足するのが数日に及ぶため、リチウムイオン電池で補おうとするとコストが高くなりすぎてしまいます。そこで、都市ガスとヒートポンプのハイブリッド給湯システムを普及させることで、厳寒期の電力供給力不足を補うことができます。こうした形で、カーボンニュートラル前編においては、特に経済効率性の高い地域で都市ガスインフラが残る可能性があると考えられます。

住宅は、戸建新築では、高断熱高気密化が進み、全館24時間空調が当たり前になって、家の中で暑い寒いを感じることが無くなり、暮らしはより快適になり、ヒートショックによる死亡も減っていくと考えられます。冷暖房による負荷変動が小さくなり、電力系統全体の需要カーブの変動も小さくなります。寒冷な地域では熱交換式の空調や地中熱利用が普及し、エネルギー負荷が大幅に減ります。こうした電化とエネルギー効率の向上によって、１次エネルギー利用そのものが大幅に下がることになります。

敷地の狭い住宅では難しいですが、そうでない限り、基本的には、太陽光発電設備と蓄電池の設置が標準的になると思われます。今までは、太陽光発電と蓄電池のインバータ（パワーコンディショナ）は別でしたが、今後は、ハイブリッドインバータになっていくと考えられます。蓄電池も、電気を貯めるバッテリーパックと直流と交流を変換させるインバータ部分が別になり、よりコスト効率的な設備になっていくと考えられます。また、バッテリーパックよりもインバータの寿命の方が短いため、インバータが壊れたときに、インバータだけ交換したいニーズが出てきます。こうしたニーズにこたえられるように、任意のバッテリーに対応したインバータが登場していると想像しています。

集合住宅は、新築であれば、電化を前提として設計できるのですが、既築集合住宅では、電化にした場合に、戸別にヒートポンプ設備を設置する場所がなかったり、集合のヒートポンプ給湯システムを入れても、温水配管が新設で必要になり、現実的には難しいところの方が多いと思われます。考えられる方法としては、ガス給湯器と同じように、高出力の電気ヒーターによって瞬間的にお湯を沸かす方法です。また、スペースがあれば、100Lでもいいので、熱湯で貯湯する装置もあると多少は負荷の時間を調整できますし、すぐにお湯も出ます。家庭の受電電力が大きくなってしまう問題はありますが、一括受電にすれば、平均化されて電気代の基本料金が上がりすぎる事もなくなると思われます。

オフィスや商業施設などの業務部門もほぼ100％電化となります。業務用の場合、現在は電化に対応した設備がない場合がありますが、それらも開発され、すべてのことが電化できるようになります。ただ、スペースが必要になったり、高圧受電設備が必要になったりと、電化した場合のデメリットもあります。例えば、コインランドリーの場合ですが、乾燥機では70℃の空気が必要になります。これを電気で行う場合、電気ヒーターであれば、簡単に作ることも可能ですが、受電電力が大きくなってしまいます。また、エネルギー効率を上げるために、ヒートポンプを使いたいところです。ヒートポンプで空気をある程度加温してから、最後に電気ヒーターで70℃まで上げる方法が良いかもしれません。また、コインランドリーで乾燥ニーズが高まるのは、雨や曇りの日で、太陽光発電の電力が少ないので、あまり電力負荷を高めたくありません。そこで、敷地に余裕があれば、木質バイオマスペレットを使う方法もあるかもしれません。多様なシーンで使える木質ペレットボイラ／ドライヤの製品と木質ペレットの供給体制があると良いと思われます。このように、多様な業務部門での熱需要に対して、工夫して電化を進めていくことで100%電化は可能だと思われます。

私たちの移動についても、カーボンニュートラル前編の世界では、100%電動化になります。EVの課題として、航続距離がありますが、それも急速充電設備の普及である程度解決されます。また、100%BEVではなく、発電用の小さなエンジンを搭載したレンジエクステンダーEV(xEV)が普及することも考えられます。家庭での日常利用や近郊を回る業務用は、EVでの航続距離でも十分ですが、遠出する場合には大容量のバッテリーが必要となり、その分価格も高くなってしまいますし、車体重量も上がり、電費も悪くなります。例えば、家庭で自動車1台所有の場合、日常の通勤や買い物はバッテリーだけで済んで、週末に遠出する際には、ガソリンも使って航続距離を延ばせます。ガソリンスタンドは、数が少なくなり、xEVのためのガソリンは、配達サービスが増えて、自宅で給油するのが常識になるかもしれません。

前編では、農業機械や建設機械などの重機等の燃料が石油製品で残るため、ガソリンスタンドは、存続されます。ただし、乗用車用のガソリンや暖房給湯の灯油の販売がほとんど無くなり、経営が難しくなります。そこで、ガソリンスタンドでは、販売するものや提供するサービスを多様化させることで、コンビニに近いものに進化していくと予想されます。特に、建設業者や農家のための資材販売&配達などを始めるようになると考えられます。

産業部門については、多くの熱利用が電化されていくと考えられます。70〜80℃くらいまでの熱利用は、従来のヒートポンプ技術を使った、産業用のヒートポンプシステムが製品化され、140℃くらいまでの熱利用は、新しいヒートポンプ技術によって製品ができていくと考えられます。これまでは、設備費や燃料費の面で石油製品や都市ガスが使われていましたが、カーボンプライシングにより燃料費として電力の方が安くなり、設備費も政府の補助金やグリーントランジッションファイナンスで良い条件で融資が受けられることで、設備更新に合わせて、電化が進んでいくと想像できます。

最後に地方という切り口でも社会をイメージしたいと思います。地方では、過疎化や土地の荒廃化が進んでいきますが、太陽光発電事業などのエネルギー事業によって、地域経済を支えているような地域も出てくると考えられます。これからの太陽光発電事業は、地域主体の事業者が、自ら地域のことを第一に考え、太陽光発電事業などを行っていくようになっていきます。現在、環境省が地方自治体の再エネ導入計画策定や事業化を支援していますが、こうした支援策を利用して、地域の再エネ導入の検討を進める地域が増えています。地域主体でエネルギー事業を行うには、地域エネルギー会社があると良いと考えられます。具体的には、彼らが地方自治体の協力や農業関係者などとの調整も経て、地域で太陽光発電事業に適した土地を選定し、地域の合意形成も作り、事業を行っていくものです。太陽光発電事業は、年によって発電量が１割程度上下するため、発電量が低い年を事業性計算の前提にすると、２割程度発電量が増えて、利益が大幅に上がるときが出てきます。その利益を地域に還元する仕組みもでてくると考えられます。そうなれば、地域の人にとっても、太陽光発電所が迷惑施設ではなく、お金を生む施設に見えてくるかもしれません。

地方でも電化が進み、家庭や業務部門については100％電化となると考えられます。というのも、地方では、石油製品や都市ガスを届ける費用が都市部よりも相対的に高く、100％電化にした方が全体のコストが下がるためです。よって、熱需要や移動は、それぞれヒートポンプ給湯やEVに変わっていきます。また、カーボンニュートラル前編では400GW以上も太陽光発電設備ができるとしていますが、今の送配電設備で地方から都市部に流せる電力は、私たちの推定で200GW程度が限界です。つまり、余剰電力を配電系統内で利用する必要があります。そこで有用なのが、ヒートポンプ給湯やEV充電などの調整可能需要と蓄電池です。太陽光電力が余剰となる日中にヒートポンプ給湯やEV充電を行い、有効活用ができます。太陽光発電設備が大量導入される地方に、大きな蓄電池を設置すれば、夜間も都市部への電力供給が可能になります。地方で発電し、地方で調整して、都市部に電力供給をする、まさに地方が発電所になります。余剰電力は、地域の産業でも活用するケースが出てくるかもしれません。例えば、魚介類の陸上養殖が増えていますが、余剰電力を水槽の加温に使ってもいいかもしれません。ただし、前編の状況では、地方でも厳寒期には電力不足が発生してしまいます。そこで、山林のある地方では木質バイオマス利用が進むと思われます。太陽光での発電量が多い日は、ヒートポンプで熱利用して、太陽光での発電量が少ない日には、木質バイオマスで熱利用できるよう、薪などの製造から配達までのインフラが形成される地域も出てくると考えられます。

■カーボンニュートラル前編の課題

カーボンニュートラル前編では、今ある技術、太陽光発電、風力発電、電化、蓄電池で経済合理的な範囲内で、CO_2排出量の半減を実現できることは分かりましたが、それらを拡大していくうえでは、多くの課題も存在します。ここでは、どのような課題があるか挙げていき、第５章にて、その解決策を考えていきたいと思います。

前編における主な課題として、以下の８点を挙げたいと思います。

(課題)

（１）太陽光発電の拡大
（２）風力発電の拡大
（３）熱利用の電化
（４）移動の電化
（５）需要側での需給調整
（６）調整力の確保
（７）需給ひっ迫時の対策
（８）エネルギー安全保障の経済内部化

（１）太陽光発電の拡大

太陽光発電設備を増やすための大きな課題として、地域合意形成と系統接続が問題となっています。まず、地域合意形成ですが、私も実際に地方に行って、太陽光発電の話をしますが、地元の方からはネガティブな印象の話が多いです。たいていの都道府県で、金儲けだけ考えて、十分な災害対策もせず、地域への説明もしていないような事業開発があり、そうした事業が地元の反対運動を受けて、新聞等でも報道されています。太陽光発電に良くない印象を持っている方の多くは、その報道を通じて、ネガティブな印象を持っているようです。こうした良くない事業開発があったのは、FIT買取価格が高かったためですが、現在は、買取価格が下がり、金儲けだけを考える事業者はいません。買取価格が下がり、土地ブローカーも十分な利益を出せないですし、造成コストも出ないのです。これまでのような乱開発はなくなると考えられますが、これまでの乱開発によって、世間で付いてしまった印象は、かなり根深いものがあります。

系統接続についても大きな課題となっており、地域合意形成ができても、系統接続の点で事業ができない地域がほとんどです。系統接続の問題は、電力系統に接続する際に、系統の設備増強が必要となり、この工事費を発電事業者側で負担する必要があるため、そのコストが高すぎて、発電事業が実現できないのです。

（２）風力発電の拡大

風力発電については、陸上は、適地がほとんど残っていないので、今後は、洋上風力がメインとなります。第３章で示した「風力発電200GW」は陸上の場合での規模であり、洋上の場合は風速が高いので100〜150GWという導入レベルとなります。ただし、コスト削減が課題です。欧州では、すでに火力発電の限界費用レベルまでコスト削減が実現していますが、日本には、まだ洋上風力の産業が確立してなく、高いコスト水準になっています。2021年度に行われた洋上風力の入札では、11.99〜16.49円/kWhと業界の想定より安い価格で落札されましたので、今後のコスト削減に期待が持たれます。また、日本は、欧州の北海のように浅い海域が少なく、浮体式も併せてコスト削減に挑戦していく必要があります。

（３）熱利用の電化

私たちの試算では、家庭部門と業務部門はすべて電化、産業は非素材製造業の８割を電化として計算しました。これらは、すでに説明したとおり、経済合理的な範囲で電化できると考えていますが、実際にその転換には課題も多く存在します。家庭部門では、すでに、ヒートポンプ温水機やIHクッキングヒーターなど、設備コストも含めても、電化した方が安くなるため、新築戸建住宅では、すでに半分以上がオール電化となっています。しかし、新築でもガス等の利用は残っていますし、集合住宅では、オール電化の採用は極わずかです。業務部門や産業部門においては、電化のための製品がなかったり、価格が高いことがあります。業務部門や産業部門で使える製品の開発や低価格化が必要です。そして、何よりの課題は、電化が進むことで、都市ガスやLPガスを販売する会社の経営が苦しくなってしまい、雇用の問題が発生することです。いずれ都市ガスやLPガスの販売がなくなるのであれば、事業転換ができるよう、その支援が必要だと考えられます。

（４）移動の電化

移動の電化における課題は、EVの航続距離と価格です。三菱自動車が販売していたアイ・ミーヴは、１回の充電での航続距離が100km程度であり、遠出には使い難いものでした。最新の日産リーフe＋は、航続距離が450kmとガソリン車と比べても引けを取らないものになりましたが、価格が約500万円と高級車レベルであり、このままではEVの普及は難しいと言わざるを得ません。航続距離を延ばすためには、蓄電池を多く搭載する必要があり、いくら蓄電池が低価格になったからといっても、車体が高額になってしまうのです。このように、航続距離と価格の両立がEVの課題と言えます。

（５）需要側での需給調整

太陽光発電や風力発電といったVREが増えることで、需給バランスを取る必要が大きくなります。それを解決できる手段として、VRE発電量に合わせて、需要側の電力消費の時間を調整する方法があります。熱利用や移動で電化される需要は、私たちの試算では、その約8割が1日の中で電力を消費する時間を調整できるものになります。また、蓄電池の充放電でも調整できます。しかしながら、すでに普及しているヒートポンプ給湯や蓄電池は、系統の需給バランスに合わせて運転されていません。それは、制御する経済的インセンティブが十分ではないからです。系統大での需給バランスに合わせて需要側で調整するための制度は整いつつありますが、電力市場の値動きが、十分なインセンティブになっていないのです。例えば、卸電力取引所の価格は、系統大の需給バランスによって上下しますが、そのボラティリティは小さく、ヒートポンプ給湯機や蓄電池を制御するコストに見合わないのです。

（6）調整力の確保

VREが主力電源となると、需要量からVRE発電量を引いたネット需要をいかに他の電源で賄うかが重要になってきます。特にこれまでの需給調整は、需要量の変動だけに対応すればよかったのですが、VREが増えると、VRE発電量の変動にも対応する必要があります。また、VREを気象任せで発電させていれば、急激な発電量の変化を起こすことがありますので、それを火力発電で調整する必要があります。ただし、火力発電所の出力は急に変えることはできませんし、VRE発電量が大きいときには、火力の出力が小さく、火力が調整できる量も減ってしまいます。さらに、VREが増えるとそれだけ火力発電所の稼働率が下がるため、火力発電所の固定費が全体の電力コストの重荷になっていきます。カーボンニュートラル前編では、ネット需要に対する供給力、つまり調整力をどう経済的に確保するかが課題となります。

（7）需給ひっ迫時の対策

日本には、日照も風もない日が存在します。しかも、数日間連続で発生することも多く、VREをいくら増やしてもVRE発電量が絶対的に不足します。よって、その不足を埋めるために、火力発電所が必要となります。特にカーボンニュートラル前編の日本では、厳寒期、熱利用の電化によって、電力需要が大きくなるため、厳寒期のVREが発電しない数日間は、多くの火力発電所が必要となります。しかし、多くの火力発電所を維持すれば、それだけコストがかかり、国民の負担となります。火力発電所は、維持するだけでも固定費として、LNG火力であれば出力1kW当たり年間1.5万円、石炭であれば3万円がかかります。それよりも安いコストで需給ひっ迫を回避できれば、経済効率性が良くなります。いかに需給ひっ迫時を乗り切るかは、経済効率性の観点で大きな課題となります。

（8）エネルギー安全保障の経済内部化

エネルギー政策では、3Eの向上が求められます。日本でも経済効率性（Economic Efficiency）はもとより、カーボンニュートラルの実現が宣言され、脱炭素（環境：Environment）のための経済制度カーボンプライシングの検討が進んでいます。しかしながら、もう1つのEであるエネルギー安全保障（Energy Security）については、経済内部化のための制度がほぼない状況であり、検討もされていないように思われます。カーボンニュートラル前編では、小規模分散型のエネルギーシステムが拡大していくため、市場メカニズムを利用した制度が有効と考えられます。よって、エネルギー安全保障を目的とした経済内部化の仕組みが必要と考えられます。

第4章 まとめ

本章では、カーボンニュートラル前編では３Ｅが同時に向上させられること、2050年カーボンニュートラルの目標に対して、現状からの積み上げでは2060年になってしまい間に合わないこと、そのギャップを埋めるために戦略が必要なこと、そして、カーボンニュートラル前編の実行における課題を考えてきました。第３章で経済合理的な範囲内で、CO_2排出量の半減ができそうだと計算しましたが、その実現には課題もありますし、その先の後編にどのようにつなげていくかも考える必要があります。

第5章

課題解決のアイデア

第4章でカーボンニュートラルのシナリオを描き、カーボンニュートラル前編が比較的計画的に進められそうなことが理解できました。とはいえ、前編の主な取組である「電化＋再エネ化＋蓄電池」でCO_2排出量の半減を実現することは、実際には課題も多いです。太陽光や風力の発電設備や蓄電池をいかに安くし、拡大するか、VREの発電と需要をどう調整するか、などです。本章では、その課題をどのように解決していくのか、そのアイデアを考えていきます。

課題

（1）太陽光発電の拡大
（2）洋上風力発電の拡大
（3）熱利用の電化促進
（4）移動の電化促進
（5）電力需給バランスの調整
（6）VREに合わせた需要
（7）需給ひっ迫時の対策
（8）エネルギー安全保障の経済内部化

■ 太陽光発電の拡大

日本でも、太陽光の発電コストが火力発電コストを下回るようになりましたが、これを主力電源として拡大していくには、課題も多いのは事実です。太陽光の発電事業には、①発電する場所を確保して（設置場所）、②電力系統に接続できて（電力系統）、③設備が安くて（設備コスト）、

図5-1　JPEAによる太陽光発電設備の導入場所の想定

大分類	分類	導入場所	2050最大導入ケース		
			DC(GW)	AC(GW)	積載率(%)
需要地設置	住宅	1.　戸建て住宅	75.0	61.0	123%
		2.　集合住宅	28.0	22.4	125%
	非住宅	3.　非住宅建物	42.0	33.6	125%
		4.　駐車場等交通関連	25.0	16.7	150%
		5.　工業団地等施設用地	20.0	13.3	150%
	小計		**190.0**	**147.0**	129%
非需要地設置	非農地	6.　2019年度迄FIT認定 非住宅	70	46.7	150%
		7.　水上空間	35.0	23.3	150%
		8.　道路・鉄道関連施設	9.0	6.0	150%
	農業関連	9.　耕作地	76.0	50.7	150%
		10. 耕作放棄地	30.0	20.0	150%
		11. その他農家関連耕地けい畔等	10.0	6.7	150%
	小計		**230.0**	**153.3**	150%
合計			**420**	**300**	140%

出典：日本太陽光発電協会「JPEA ビジョン・PV OUTLOOK 2050」より引用

④発電した電力が売れる（売電先）という４つの要素が必要です。この４つの要素それぞれの課題と解決策を考えていきたいと思います。

まず、設置場所ですが、カーボンニュートラル前編に必要な太陽光発電設備は、パネルの容量で約400GWです。JPEAの導入目標は、420GWとなっていますが、その設置場所の内訳は、**図5-1**のようになっています。これを参考にしつつ、以下、屋根上、荒廃農地の課題を確認していきたいと思います。

屋根上（戸建住宅、集合住宅、非住宅）は、大きく新築と既築で変わってきます。新築の場合は、設計段階で太陽光発電設備を設置できるようにすれば、周辺の建物の影で発電しない場合、屋根を他の用途に使いたい場合、そして、どうしても設置したくない人を除いて、すべての建物に太陽光発電設備を設置していくことも不可能ではありません。一方で、既築建物は、北勾配の屋根になっていたり、屋根が空調設備で使われていたり、屋根材が太陽光設置に不適であったり、構造強度上難しいなど、設置できない建物の方が多いのが実態です。既築建物で太陽光発電設備が載っていない屋根は多いですが、ほとんどの屋根には設置できないと考えた方が良いと思われます。

こうした既築建物の屋根に太陽光発電設備をできるだけ載せていくには、屋根の改修に合わせて設置するということが重要になると考えられます。屋根の葺き替えの時に、太陽光発電設備が設置しやすい屋根に変えるということです。具体的には、住宅の場合ですと、瓦屋根から立平葺き鋼板屋根に変えるなど、屋根自体のコストを下げつつ、太陽光発電設備に適した屋根にすることが可能です。また、最近、塗膜防水の技術が向上しており、塗膜防水工事と太陽光発電設備を合わせて行うことが有効です。具体的には、太陽光パネル設置のために屋根に穴を開けた場合でも、設置金具ごと塗膜してしまえば、ほぼ完ぺきな防水ができます。鉄筋コンクリートの建物の多くでシート防水が使われていると思いますが、この更新の際には、塗膜防水＋太陽光発電を検討するのが当たり前になれば、より多くの建物に太陽光発電設備を設置できるようになります。特に公共施設は、鉄筋コンクリート造が多いので、有効と考えられます。

また、発電事業を行う人と建物所有者が異なる屋根貸しの手法では、建物所有者にとってのメリットが小さいため、なかなか建物所有者の了承が得られませんでした。そこで、自家消費型で電気代が下がるとか、太陽光発電設備への投資で節税できるなど、建物所有者が自ら設置することでメリットが得られるようにする必要があります。具体的には、全国展開の飲食店や小売店は、社会的責任もあり、再エネを導入したいと考えますが、ほとんどの場合、使っている土地と建物を地元の資産家から借りていることが多く、その資産家から設置の許可を得るのが難しかったり、手間だったりして、導入が進まないというケースが多く存在します。そうであれば、むしろ、建物所有者のメリットとなるようにして、建物所有者自身が所有する形で広げればよいと考えられます。資産家は、資産をもって、利益を生み出す人ですので、太陽光発電設備を資産として保有することは、親和性のある事業と思われます。また、以前存在した太陽光発電設備の即時償却を復活させることも、カーボンニュートラルを目指すのであれば検討に値すると思います。

次に新築の建築物について考えていきます。日本の新築戸建住宅は、年間42万棟で、６割の住宅に１棟当たり平均５kW設置できると仮定すると、1.26GWとなります。また、５階建以下の非住宅建物の新築の推定建築面積は、1,400万㎡／年であり、平均で屋根面積の半分が使えて、５㎡で１kWを設置できると仮定すると、1.4GWが導入される計算です。よって、新築建物の年間導入量は、合計で2.66GWとなり、2050年までこのペースで増えれば、77GWとなります。現状の屋根置きの年間導入量は、住宅0.8GW＋非住宅0.2GWの合計１GWですので、現状の2.5倍以上に増やすことも可能だと考えられます。

新築戸建で太陽光発電設備が設置されない主な理由として、住宅建設の予算があります。戸建住宅を建てる人の６割が太陽光発電設備の設置を希望しているにも関わらず、実際に新築時点で載せる人は２割くらいとなっています。この理由が住宅にかける予算です。たいていの人は、あらゆる希望を住宅ビルダーに出して、住宅の見積が予算よりも高くなり、最初に削るのが太陽光発電設備ということです。実際には、太陽光発電設備を導入したら、電気代が大幅に下がり、売電収入もありますので、毎月返済できる額は増え、ローン額も増やしてもいいはずです。施主も住宅ビルダーも金融機関もそれに気付いていないケースがほとんどなのです。そこで、金融機関に、住宅ローンの提案の際に、電気代削減等も含めた形での住宅ファイナンスの説明を義務化してはどうでしょうか。すでに、建築物省エネ法で、住宅ビルダーが施主に、住宅のエネルギー性能について説明する義務がありますが、具体的に、金融機関にも説明義務化してはどうかと思います。

新築の非住宅については、京都府及び京都市が300㎡以上の建物に対して、再エネ導入の義務化を条例化しています。導入義務化という強制的な制度となっていますが、特に施主や建設会社から苦情も出ていないと聞いていますので、全国に拡大しても良いかと思います。特に、住宅など契約電力が小さい方が太陽光発電設備導入による経済メリットは大きいですので、面積要件を下げても良いかと考えられます。また、公共施設については、たいてい国からの交付金が使われていますので、その交付金の要件に太陽光発電設備設置を入れてしまえばよいかと思います。要件化していれば、設計者も最初から太陽光発電設備を考慮した建築物の設計をすることになり、太陽光発電パネルを設置しやすい屋根になります。

屋根置き太陽光の課題として、積雪の多い地域では、冬季に発電しないため、導入のメリットが得られ難いという点があります。そこで、逆に太陽光発電パネルで融雪してしまい、導入のメリットを付加させるということが考えられます。太陽光発電パネルの裏面に電熱ヒーターのシートを張れば、太陽光発電パネルで融雪が可能です。以前は、そうした商品も発売されていましたが、今では販売されていないようです。その要因として、太陽光発電パネルのメーカー保証が外れてしまったり、流通量の少なさから価格が安くなかったりしたことが問題だったようです。太陽光発電パネルは、真夏には50℃以上にもなりますが、融雪時のヒーター温度はそこまで上がりません。つまり、パネルには悪影響を与えるものではないのです。太陽光発電メーカーが保証付きで、電熱ヒーター付き製品を出せば、積雪地方での太陽光発電設備導入は、爆発的に増えると思われます。それは、今後、地方では高齢化が進み、雪下ろしの人手がどんどんいなくなっており、大きな課題となっているからです。もしスイッチ１つで融雪ができるのであれば、年間発電量の低い日本海側の地域であっても、導入したいという人は多いと考えられます。

このような解決策で、屋根上太陽光は、現状の１GW/年から３GW/年以上の市場に拡大させることが可能だと考えています。また、自家消費型が増えることで、需要側と合わせた最適化、例えば、蓄電池の導入やヒートポンプの稼働時間の調整などで、経済メリットを出すことも可能です。こうした制御のできる設備は、まだまだ一般的ではなく、コストが高いために普及もしていないのですが、補助金等の政府支援策の要件とすることで、普及を加速させることが可能です。そうすれば、コスト削減が進み、導入も拡大するという好循環が生まれることが期待されます。

荒廃農地は、全国で28万ha存在します。これを活用すれば、約280GWの太陽光発電所ができます。また、調査員が客観的に荒廃化しているか判断している荒廃農地に対して、農家が耕作する意思のない耕作放棄地は、全国で42万ha存在しますので、荒廃農地が拡大していく可能性は大きいです。荒廃農地の拡大は、地方に新たな問題を引き起こします。農地が減ることによる農作物の生産量低下だけではなく、管理されない土地が増え、景観が悪くなり、農村の雰囲気が悪くなり、ますます住人が減ってしまうことが考えられます。また、管理できない土地は、不法投棄が行われるリスクも高まります。不在村の農地持ちが農地を売却し、その土地に迷惑施設が来てしまう可能性もあります。実際に荒廃農地が多く発生している地域や今後の拡大を懸念されている地域の方に話を伺ったことがありますが、農地として維持することは難しいから、太陽光発電所にして管理される状態にした方が良いということでした。

農地での太陽光発電事業は、農地法の規制によって難しかったのですが、農水省の規制緩和によって、太陽光発電事業がやりやすくなっています。農地法上、原則、農地転用不可とされている第1種農地（連続した10ha以上の農地）でも、農山漁村再エネ法を用いて、農業委員会の意見も踏まえて、地元市町村が許可すれば、太陽光発電所に農地転用できるようになっています。

荒廃農地利用のハードルとしては、相続登記が行われていなかったり、所有者不明の土地があったりする点もあります。相続登記が行われていないと、土地利用の契約に手間がかかります。この問題は、太陽光発電に限らず、日本の国土利用において大きな問題となっており、土地基本法にて、相続登記の簡易化が進められています。また、所有者不明の土地も多いのですが、これは、所有者不明土地特措法によって、地元市町村が使えるようになっており、その土地で太陽光発電も可能です。これだけ規制緩和が行われているにも関わらず、荒廃農地を活用した太陽光発電事業が増えていないのは、荒廃農地が過疎地にあり、電力系統が弱くて、系統接続に多くの費用がかかり、実質接続できないという問題が原因です。この課題については、後ほど考えていきます。

農地での太陽光発電事業の重要な点は、農家/農業法人が自ら事業を行う点にあると、私たちは考えています。ドイツでは、FIT制度導入当初、農家が、風力発電や蓄糞メタン発酵によるバイオマス発電の事業を行い、新しい収益源としていました。政策的にも農家支援という意味合いもあったと思われます。発電事業者とその場所を提供する者が別の場合、その調整に工数を要しますし、発電事業にとって良い場所が使えない可能性も高いです。一方、発電事業者と場所の所有者が同じであれば、太陽光発電事業と農業などの他の事業と合わせた上での最適解を求めますので、太陽光発電設備にとっても相対的に適した場所に設置できるようになります。さらに、これを地域単位で行えるとより良いと思われます。例えば、太陽光発電は配電変電所の近くに建設して、配電変電所から遠い位置に耕作地を集積させることで、太陽光発電事業での利益最大化と農業の作業効率化を進めることができると考えられます。つまり、地域の農業/農業法人が集まって、地域全体での農地の最大限の活用（太陽光発電事業を含め）を検討していくことが、地域での利益の最大化になるということです。こうした検討は、市町村が入ることで、環境省の予算も活用しながら実施することが可能です。ぜひ、農家/農業法人が中心となって、地域での太陽光発電事業を進めていただきたいと考えています。

土地利用に関しては、地域合意形成も大きな課題です。現在、大規模な太陽光発電所案件では、地域からの反対運動が起きていることも少なくありません。高いFIT買取価格で金儲けを目的にした事業が各地で生まれ、その金儲け目的の事業者が地域をないがしろにして事業を進めて、様々な問題が発生し、地元の新聞にも問題として取り上げられ、結果として、メガソーラーに対する印象が悪くなってしまいました。私たちは、今でも新規案件をつくるために地方を飛び回っていますが、地域の方に「太陽光発電」と言うと、それまでの笑顔が消えて、話が重くなると感じることも少なくありません。

そのような状況を打破し、カーボンニュートラル前編のために必要な太陽光発電を増やしていくために、私たちは、地域主体の発電事業を提案しています。地域主体の発電事業とは、自然電力のような全国展開する再エネ事業者ではなく、地域の人たちが発電事業者となって、地域のための発電事業を行うのです。太陽光発電事業は、本来、荒廃農地などの未利用地を有効活用し、地域に収益を生み出す地域にとってメリットのある事業のはずです。それが、地域外の事業者が発電事業を行ってしまうと、地域の得られるメリットは、地代や固定資産税くらいとなってしまい、地域が受けるデメリットを超えずに、発電事業が実現しないことになってしまいます。FITが高い買取価格だった時代は、地域への還元も手厚くできましたが、現在の買取価格（FIPの上限価格）では、十分な地域への還元は困難です。そこで、地域が自ら発電事業を行い、その利益を最大限に享受することで、メリットがデメリットを超えるようにできると考えています。また、地域外の事業者では、地域と対立構造になり易いのですが、地域そのものが事業者になれば、対立構造ではなくなり、自分事として、メリットとデメリットのバランスが取れるようになります。

そんな事例がありますので、ご紹介したいと思います。電源は違いますが、わいた地熱発電所という熊本県小国町の地熱発電プロジェクトです。このプロジェクトの特徴は、地元の集落が発電主体となっています。もともと大手の事業者が開発計画を立てていましたが、地元の住民が賛成派と賛成派に分かれてしまい、伝統的な祭りがなくなってしまうほどの状況になり、事業者も事業化をあきらめました。それから何年かが経ち、過疎化していく地域を何とかしたいと逆に反対していた人たちも中心的になり、地域主体での発電事業の構想が立ち上がりました。今では、集落の全戸が参加する形で発電事業を行い、祭りも復活したのです。太陽光発電事業でも同じようなことが可能だと思われます。

太陽光発電は、農業とは太陽光で競合してしまいますが、地域が主体となって、農業と太陽光発電で得られる利益の最大化を考えれば、全体で最適な計画を立てられるようになります。農業のやりやすい農地をしっかりと耕作して、遠くて行きにくい農地や配電系統近くの農地を太陽光発電所にして副収入を得るという考え方ができます。こうした最適配置も、農業と太陽光発電の主体が１つとなることで実行性が出ると考えられます。

地域主体の発電事業を拡大する上で、電気事業法と再エネ特措法で改正すべき点もあります。現在、隣り合った土地で、同じ発電事業者が発電事業を行うことができません。これでは、地域の発電事業者が隣り合った土地で事業ができず、地域外の事業者に事業してもらうしかなくなり、事業規模が制限され、事業の効率性が低下してしまいます。この制限は、電気事業法上での系統接続に関するルールと再エネ特措法のFIT/FIP認定のルールで規制されています。隣り合った土地での事業が規制されているのは、電圧が低い接続の場合、高い電圧接続で課されている責務が免除されてしまい不公平だからだという理由になっています。それは、低圧分割においてはもっともなのですが、高圧分割においては、みなし特高という扱いになり、保安上のルールがほぼ特高と同じになり、ほとんど不公平性はありません。むしろ、高圧分割の場合は、特高接続の際に必要な自営線や連系変電所が不要となり、社会全体でのコストが削減されます。合理的に考えれば、高圧分割は認められるべきですが、硬直的な経済産業省が社会全体の利益を理解せずに規制をかけています。

次に設備コストの課題です。設備は、すでに述べたように現在の技術でもLCOE７円/kWh程度のコスト実現は可能です。実際にFIT入札では、９円/kWh程度の案件が出ており、ここから発電事業者の利益を引いて、30年事業にすれば、LCOE７円/kWh以下になりますので、LCOE７円/kWhは実現していると言えます。ただし、これ以上のコスト削減は難しいのが実際のところです。FIT入札で約９円/kWhを実現している事業者は、土地開発から建設までを内製化し、あらゆる業務を効率化することで、この価格を実現しており、これ以上に効率化する部分がないレベルです。また、多くの案件は、事業開発、造成工事、雨水排水対策、連系工事負担金などが必要となり、LCOE７円/kWhでは難しい場合がほとんどです。日本で太陽光発電を400GWというレベルまで増やすには、私たちの感覚的には、LCOE８円/kWhまで許容することが必要だと考えています。８円/kWhは、LNG価格が高いときのLNG火力発電の限界費用に近い水準です。そうであれば、太陽光発電のコストを下げ続けるよりも、規模を大きくしていく方に舵を切ることも考えられます。具体的には、上限価格を下げ続けるのではなく、十分に下がった状態（LNGの燃料費レベル）で維持して、入札の募集要領を大きくしていくことで、太陽光発電設備の導入量を拡大していくということです。

太陽光発電事業においては、発電設備やその運営にかかるコストだけなら、LNG燃料費レベルのLCOE７円/kWh以下にできるのですが、雨水対策工事や連系工事負担金がかかり、それが難しい案件が多いのが実際です。そこで、太陽光発電所をつくる土地の整備までは、行政が工場団地を整備するように公的資金でやってしまう方法もあるかもしれません。いずれにせよ、太陽光発電設備自体は、LCOE７円/kWhも可能ですが、付帯工事等でかかるコストが大きく、普及を目指すのであれば、そこまで鑑みた形でのコストを前提にして、政策を考えていくことが必要です。発電コスト削減は重要なのですが、現在の政府の太陽光発電のコスト分析については、連系工事負担金や排水設備が要らないような案件だけを前提に考えており、現実に則していないのではないかと懸念しています。

売電先の課題については、2022年度から実施されるFIP制度で当面は大丈夫だと思われます。FIP制度は、FITのように買取義務者がいるわけではなく、発電事業者に自由に売り先を決めてもらい、再エネ発電事業に必要な売電単価水準が市場価格よりも高い分をプレミアムとして支払われることで、再エネ導入を支援する制度です。日本での制度詳細も決まり、そのプレミアム単価の計算方法が複雑になっていますが、結論としては、FITに近い価格予見性があります。売電に際しては、発電事業者が発電量の予想や計画を立てて、それが外れればインバランス料金で精算するといったFITにはなかった業務も発生しますが、それを代行したり、長期間固定価格で買い取ってくれる小売電気事業者も現れています。つまり、売電に関しては、当面は問題ないと考えられます。

ただし、問題としては、すでに述べたように、入札制度における上限価格が下がりすぎる傾向がある点です。系統全体で太陽光発電の導入量が拡大すると、VREが多く発電しているときの市場価格が低下していきます。私たちの試算では、太陽光400GW導入時には、約３円/kWh以下になるという結果がでました（分母の年間発電量は、出力制御されない場合の発電量で計算）。初期投資の返済が終わった太陽光発電所のランニングコストは、2.5円/kWhくらいですので、３円/kWhはギリギリ事業ができる価格です。FIP制度によって、市場価格が下がった分に対しては、補填が働くので、発電事業が成り立つのですが、逆に言えば、FIP期間で初期投資の回収は完全に終わっている必要があるのです。LCOE８円/kWhの発電所を考えると、プレミアム支払期間終了後の21年目以降が単価３円/kWhでの売上とすると、20年目までは売上11円/kWhとなります。市場価格がFIP価格よりも高いときもあり、経済合理的な範囲で太陽光発電設備を最大化させるためのFIP上限価格は、実際の売り上げはFIP価格プラス最大1円/kWhとなるため、10～11円/kWhが適正と考えられます。

そもそも、VREと電力市場との関係性についての問題点もあります。FIP制度は、再エネが自立するためのつなぎの政策と位置づけられています。これは自由経済社会において正しい考え方ですが、日本では、VREの発電コストが化石燃料の燃料費を大きく下回ることが現実的に難しいため、自立を目指しても、実際には自立はしません。そして、自立しないからといって、VREが普及しないことが日本全体で最も経済効率ではないのです。つまり、社会全体でのVREの適正な導入量と、電力市場において最適化されるVRE導入量にはギャップがあるのです。私たちは、これを「VREのジレンマ」と呼んでいます。VRE導入量が増えるほど、VREが発電している時間の卸電力取引価格が下がってい

図5-2 VREのジレンマ

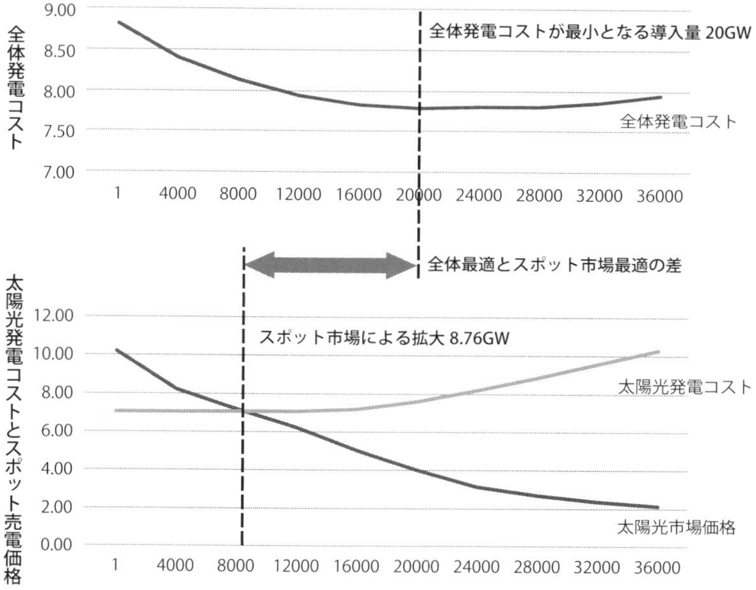

太陽光発電とLNG火力と石炭火力と石油火力だけが存在する電力系統を想定し、簡易的な需給バランスモデルとスポット市場モデルを構築。需要カーブは、2017年九州エリアを使い、太陽光発電量は、同期間の熊本の日射量データから算出した。

その前提で太陽光発電設備の導入量を1GWから36GWに増やした場合の太陽光導入量に対する火力も含めた全体での発電コスト（上のグラフ）、太陽光発電所の発電コスト（下のグラフ）、太陽光発電量加重平均したスポット市場価格（下のグラフ）を算出した。

その結果、全体発電コストが最小な太陽光発電導入量と、市場最適化による太陽光発電導入量に大きな乖離が生じることが分かる。これは風力発電でも同様に言える。そもそも、シングルプライスオークションという卸電力取引の方法が、限界費用が存在する電源の最適稼働を求めるものであり、VRE電源も含めた最適化はできないということである。

VRE電源を自立させても、経済効率性の全体最適には至らないため、何らかの恒久的な制度が必要である。

出典：自然電力作成

くため、VREの売上が落ちてしまいます。**図 5-2** は、一定の条件で太陽光発電設備の導入量に対する社会全体での発電コストと個別発電所の発電コストと市場価格を簡易的な電力市場モデルを想定して、計算した結果です。この計算では、社会全体での最適値は、市場での最適値よりも大きいところにあります。つまり、VREを電力市場で自立させても、社会全体の最適値よりも低いところで導入が止まってしまうのです。そもそも、VRE電源を自立させること自体は正しそうに聞こえますが、そもそも、シングルプライスオークションという仕組みは、限界費用を持つ電源の最適化には寄与しますが、限界費用を持たない電源が主力電源として入ってくると、機能しなくなるものなのです。もちろん、炭素税やキャップ&トレード制度などのカーボンプライシングによって、VREが底上げされるかもしれませんが、このVREのジレンマ自体の解消にはなりません。VREを経済効率性の観点で最適な導入量まで高めていくためには、過渡的制度ではなく、恒久的な仕組みが必要なのです。

次に、電力系統接続の課題ですが、現在、太陽光発電所をつくるための土地があっても、ほとんど地域で連系工事負担金が高すぎて、実質的に系統接続ができない状況にあります。もちろん、太陽光発電のために送配電系統（電線や変圧器など）を増強していけば、接続可能な太陽光発電設備は増えますが、経済効率性は下がってしまいます。系統増強を行わずに、できるだけ多くの太陽光発電設備を系統接続させるという考え方が、経済効率性の観点では重要です。そこで、現在の電源の最大容量に合わせて系統整備するという考え方ではなく、今ある系統設備に流せる分だけ流すという“ノンファーム型接続”に考え方を変えていくことが必要です。

太陽光発電設備は、設備稼働率が13%程度ですので、電力系統に100の規模で接続していても、その100をほとんど使ってなく、年間平均で13の利用にとどまっています。つまり、多くの時間で系統に電力を流していないのです。そこで、太陽光発電パネルの容量に対して、系統接続の容量を制限した場合、年間の発電量がどのようになるか計算してみま

図5-3　過積載率と出力制御率

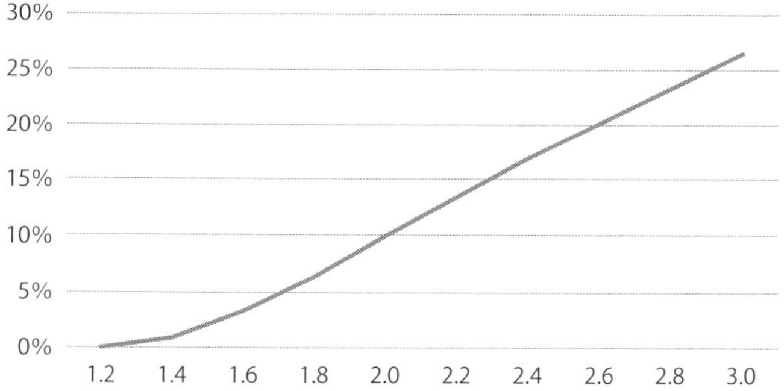

出典：自然電力が PVsyst を用いて試算

した。接続容量やPCS出力に対する太陽光発電モジュールの容量を過積載率といいますが、**図 5-3** は、過積載率を上げていった場合の出力制御率のグラフです。これを見ても分かるとおり、140％くらいまで、出力制御はほとんど増えず、それ以上は直線的に増えていくという特徴があります。200％のところで出力制御が約10％となっていますので、太陽光発電モジュール１MWに対して、系統接続する容量を0.5MWとした場合、系統に流せる電力量は、系統接続容量を１MWとした場合よりも10％程度下がる程度なのです。第３章の試算結果では、太陽光発電の出力制御は、20％程度となっています。260％くらいの過積載は許容されます。さらに、ローカル系統（送電線の末端）や配電系統には需要もあり、そこで電力が消費されますので、その電力消費も考慮すれば、出力制御20％の水準で、系統設備容量の約３倍までは増やせるのです。現在、系統制約で新規案件の接続が難しい配電系統に接続している太陽光発電所の容量が全国で70GWDCと推定していますので、この３倍の210GWDCくらいまでは、ローカル系統と配電系統のノンファーム型接続によって、設備増強無しで増やせると考えられます。

ノンファーム型接続については、送電系統については、原則的に導入することが決まっており、現在、その実施準備が進められています。一方で、配電系統のノンファーム型接続は、具体的な制度検討は実施されていません。配電系統のノンファーム運用は、世界的にも例がなく、簡単なものではないことは事実です。しかし、日本の太陽光発電設備は、配電系統への接続がほとんどですし、小規模分散型の電力システムの実現で可能になることですので、積極的に進められるべきだと思われます。確かに、かなり細かい制御が必要になりますが、すでにほとんどの配電系統で高度化が進んでおり、配電系統の状況（電流や電圧など）を開閉器ごとに把握することができるようになってきています。このシステムを応用することで、電線の容量に合わせて、太陽光発電所の出力を制御する仕組みは技術的に可能です。あとは、それを実施するための制度が必要です。技術的検証を行いながら、制度検討を進めて、３～５年後には世界で初めての配電系統ノンファーム制御を実現し、世界の小規模分散型電力システム市場を日本がリードしてほしいと思います。

このように、ノンファーム型接続によって、現在の系統をフル活用すれば、配電設備増強を行わなくても、210GWDCくらいまでは拡大することが可能だと考えています。JPEAが掲げる2050年の導入目標である420GWDCの実現には、ノンファーム接続だけでは難しいということになります。太陽光発電所を拡大するためには、発電所の近くで太陽光の発電量に合わせて電力を使いつつ、都市部の需要に合わせて、調整してから送電することが求められます。具体的には蓄電池が考えられます。太陽光発電設備が系統容量よりも３倍以上接続されている配電系統の発電所や需要側に蓄電池を設置して、発電量余剰が発生しているときには充電して、全国大で需要の高まる夕方に放電し、夕方でも地方から都市部へ電気を供給するということが考えられます。すでに紹介したとおり、蓄電池のコストはかなり下がっており、系統増強するよりも安く済みますし、蓄電池によって系統停電時に自立して電力が使えるといったメリットもあります。こうしたレジリエンスのある地域づくりのため、受電施設単位や街区単位、もしくは配電系統単位での需給管理システム、いわゆるマイクログリッドが地方では整備が進んでいくと考えられます。政府はこうしたモデルへの補助金等の支援もしていますし、事業者も取り組んでいますので、あとは、こうしたモデルによって社会全体の最適化（３Ｅの同時実現）に誘導する仕組み、例えば、蓄電池による系統増強回避への対価支払いなどの制度整備が求められます。

▩ 洋上風力発電の拡大

風力については、陸上風力は、コスト削減の余地が小さく、LNG燃料費レベルに下げるのは、日本の気象と地形が理由で困難です。一方、洋上風力は、コスト削減の可能性が大きいです。それを踏まえ、第３章では、洋上風力での大量導入を想定しました。

洋上風力の発電コストは、現時点では陸上風力よりも高く、30円/kWh程度となっています。これをLNG燃料費レベルの８～９円/kWhにしていくことが目標となっています。コスト削減には、洋上風力のための産業インフラが必要です。これは、すでに官民連携で整備していくための協議会が立ち上がっており、様々な検討が進められています。例えば、港湾インフラ整備、海域指定制度、送電インフラの整備などについて政府も前向きに協力する姿勢です。また、政府と業界にて、洋上風力の目標を掲げている点は、コスト削減への大きなドライバーになっていると思われます。こうした日本政府の姿勢は、海外事業者も引き付けており、多くの洋上風力関連企業が日本市場に期待し、日本でオフィスを開いています。

洋上風力発電設備の建設に必要なSEP船などの大型機材には莫大な投資が必要です。その投資が可能になるには、長期間に亘ってそれが利用されなければいけません。それだけ大きな投資やインフラ整備になりますので、まさに政府が事業者のリスクを予見できるようにしてあげて、事業者の積極的な投資を促す必要があります。着床式と浮体式の両方で、2030年までに日本での発電コスト８～９円/kWhの目途を立てつつ、建設インフラを整備して、その後の30年間で100～150GWまで拡大してい

図5-4　メガフロートでの浮体製造(ジャストアイデア)

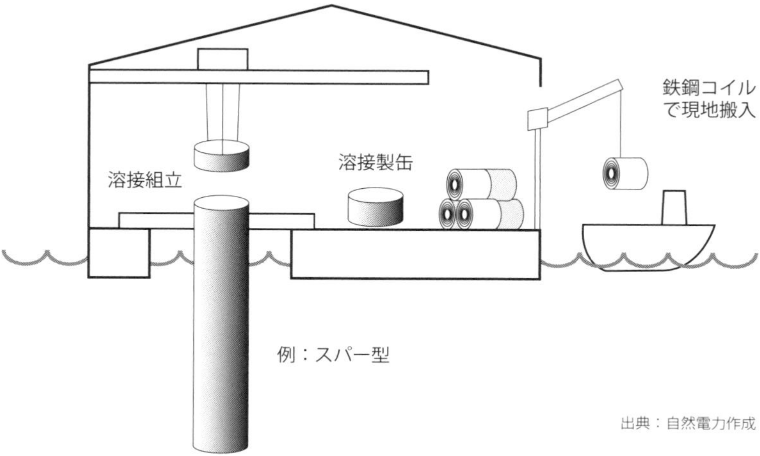

出典：自然電力作成

くことが最短かつ経済効率的です。カーボンニュートラル宣言の2050年に間に合っていませんが、2060年までに日本の電力需要の３割を超えるような主力電源としていくのが経済効率的だと考えられます。

浮体式については、欧州でもコストが十分に低い工法が確立していません。逆に日本でもこの分野をリードできる可能性はあります。例えば、浮体式洋上風力の浮体部分をメガフロートのような洋上工場を現場までもっていき、現地で浮体を製造することも考えられます（**図 5-4**）。

洋上風力の案件開発の進め方として、セントラル方式が取られています。政府が海域の30年利用を特定の事業者に与えることで、事業者が発電事業を行えるようにするものであり、欧州ではこの方式によって、洋上風力のコスト削減と拡大が進みました。日本でもこれによるコスト削減と導入拡大が期待されています。しかしながら、欧州とは違った問題もあります。日本では、欧州よりも比較的漁業関係者の持つ漁業権が強く、その海域で漁業権を持つ漁業協同組合との合意形成が必要です。漁業者の生活もかかっているので、もちろん合意をしていくしかないのですが、課題として考えられるのは、地域合意形成ができた事業者だけが、その海域で事業ができるので、入札しても競争が働かず、売電価格が高止まりすることが懸念されます。また、複数事業者が同じ漁協へ合意形成を図りにいくため、地元が混乱してしまう可能性もあります。さらには、電力系統への接続のための陸上用地の確保、海底調査、風況調査など、開発を進める複数事業者が重複して行ったら無駄になってしまうこともあります。この点への解決策として、こうした調査や地域合意形成を図る開発を行政側でやってしまってから、発電事業を行う発電事業者を入札で選ぶ方法が考えられます。欧州でのセントラル方式は、行政がそこまで行っているので、発電事業者としては、リスクのある開発コストを負うことなく事業に臨めて、入札価格も下げられるのです。日本でも、日本版セントラル方式の確立のため「洋上風力発電の地域一体的開発に向けた調査研究事業」にて、試行として３地域で、政府が調査を進めています。こうした取組を深化させて、事業開発の部分を１海域で１事業者に委託するような仕組みも考えられます。開発事業者に発電事業のアセット持ち分オプションを持たせることで、発電事業のことも考えながら、効率的に開発が進められると考えられます。

以上のように、洋上風力の低コスト化には、政府による港湾等へのインフラ投資、浮体式についてはコスト削減のための思い切った発想の転換、そして、セントラル方式での開発によって発電事業者の競争を促進させることが必要だと考えられます。

■ 熱利用の電化促進

熱利用の電化を進めていく上での課題ですが、最も大きな問題として、既存施設でのロックイン現象があります。例えば、家庭の給湯器ですが、たいていの人は、それが壊れてから給湯器を替えます。そして、使っていた給湯器がガス給湯器であれば、すぐにガス機器屋さんに電話して、同じような製品に交換してもらいます。そこで、電気に変えようと考える人はほとんどいません。このように一度導入した設備は、更新したとしても同じような設備にロックされてしまうことを「ロックイン現象」と言います。

新築戸建住宅では、大半がオール電化となっており、都市ガスのない地域に限っては、8割がオール電化になっていると言われています。このように新築戸建においては、電化が広がっていますが、既築住宅では、ロックイン現象により、電化が進んでいません。ガス給湯器からヒートポンプ給湯機に変える場合、ヒートポンプ機と貯湯タンクの置き場所をつくって、水道と給湯の配管工事などが必要になり、設置工事に2日かかる場合もあります。住宅によって工事費も異なりますので、事前の見積りも必要ですし、電気契約の変更も必要です。さらに、機器自体は、ヒートポンプ給湯機の方が高いので、その点もすぐに意思決定できない要因となります。つまり、ガスから電気に変えてもらうのであれば、ガス給湯器が壊れた場合に初期費用ゼロですぐにエコキュートを設置してくれるサービスが登場するか、ガス給湯器が壊れる前に、ヒートポンプへの変更を検討してもらう営業を行うかが必要になります。前者は、事業者が、一旦、一時的なガス給湯器を設置しておいて、後日、エコキュートとガス給湯器それぞれでの提案を行い、ユーザーがどちらかに決める方法が考えられます。急場の給湯が凌げれば、時間をかけて、給湯器をどうするか検討できます。政府が、こうしたプログラムを創設し、対応できる給湯器設置事業者に対し一時的に設置する給湯器コストなどを支援することが考えられます。また、給湯器が壊れる前にヒートポンプ給湯への変更を検討してもらう場合は、提案営業が必要です。以前は、太陽光発電設備の訪問販売が、オール電化も併せて提案していましたが、現在は、太陽光発電もオール電化機器も価格が低下して、訪問販売にとって十分に利益が得られる商材ではなくなり、太陽光発電とオール電化の訪問販売は減少しています。エコキュートへの交換の提案営業ですが、都市ガス事業者やLPガス販売事業者が行うのが良いかと考えています。この具体的な内容については、後述とさせてもらいます。

熱利用の電化を促す別の方法として、省エネ法で、ガス給湯器もエコキュートも同じ給湯機器としての１つのカテゴリーのトップランナー方式を導入することです。2008年の照明器具のトップランナー方式では、白熱電球も蛍光灯もLED照明も同じ照明というカテゴリーに入ったため、効率の悪い白熱電球は、メーカーも販売が難しくなっていきました。現在は、電気屋さんに行っても白熱球を探す方が難しいと思います。これと同じように、給湯器の熱効率基準を上げていき、例えば3.0にすれば、効率1.0を下回るガス給湯器は販売が難しくなります。もちろんガス給湯器とヒートポンプ給湯機を売っているメーカーは異なる場合も多いので、ガス給湯器とヒートポンプ給湯機のメーカーが連合を組んで、基準をクリアする方法も用意することが必要です。これは、欧州の自動車CO_2排出量規制でも用いられる手法で「オープン・プール」と言われています。カーボンニュートラルを目指すのであれば、成り行き任せではなく、こうした促進策の導入も検討される必要があります。

別の大きな課題として、集合住宅での電化があります。集合住宅では、その販売価格や賃料に影響するため、集合住宅のオーナーや分譲マンションのディベロッパーは、給湯機器はできるだけ安くしたいと考えるのが普通です。既築の場合は、ヒートポンプ機器の設置場所がなく、設置が難しいか高いコストがかかってしまうのが一般的です。今後建築される集合住宅に関しては、将来的に電化されることを前提とした設計にする必要があります。カーボンニュートラルに向けた集合住宅の設計基準があっても良いかと思われます。

オール電化のデメリットとして、停電時にお湯やガスコンロが使えなくなることを言う方がいますし、ネット記事やSNSでもよく見かけます。しかし、大規模な災害の場合、都市ガスよりも電気の方が先に復旧することが一般的です。例えば、東日本大震災の際も仙台市内での停電は、数日で解消されましたが、都市ガス停止の解消には１か月以上を要しています。確かにLPガスであれば、停電時でも利用可能ですので、本当に心配であれば、厨房だけLPガスのガスコンロを導入して、給湯はヒートポンプ給湯にするのが良いかと思います。オール電化でなくてもヒートポンプ給湯機さえ入れれば、光熱費も安くなりますし、タンクにお湯が溜まっているので、停電時でもそのタンクにある分はお湯が使えます。そして、ぜひ太陽光発電設備と蓄電池の導入をお勧めしたいです。初期費用ゼロでの太陽光と蓄電池を導入できるサービスも多く登場しています。

次に、産業部門や業務部門についてですが、電化された業務用製品がない場合が多く、その製品を開発するところから必要です。私が思いつく電化が困難なところの１つは、中華料理店です。中華料理以外は、基本的にIHクッキングヒーターやラジエントヒーターを使えば、ガス機器と同じように料理はできますが、中華料理はIHクッキングヒータ等では同じような料理ができません。それは、中華鍋をあおって調理するからです。それを電化するのは無理そうな気がしますが、電気で加熱した高温の空気で代替できないかという考えも浮かんできます。他にも電化が簡単ではないのが、コインランドリーです。現在のコインランドリーは、乾燥機に70℃程度の空気を送り込みますが、そのために都市ガスやLPガスを利用しています。これを電気にするのは、電熱線でできますし、電気の衣類乾燥機製品もあります。しかし、かなり大きな電気需要となり、受電設備が大きくなったり、電気代の基本料金がかなり高くなったりしてしまいます。そうならないようにヒートポンプと貯湯タンクを導入して、電力消費量を減らして、需要時間も平準化させることが考えられます。ドイツでのヒートポンプ開発では、160℃までつくることができたようですので、ヒートポンプで効率的に乾燥させることは可能だと思われます。しかし、100℃以上の場合は加圧容器が必要になり、コストも高くなり、安全確保も必要です。また、その容器も大きくなり、都市部では場所が取れない可能性があります。普及させるには、現在のヒートポンプ給湯と同じように90℃程度での蓄熱が現実的です。例えば、乾燥用の高温空気をつくるのに、まずは外気を乾燥機から出る空気と熱交換し、少し昇温した後に、ヒートポンプで作った90℃温水で加温し、それで温度が足りない場合に電熱線で70℃以上にする方法が考えられます。機器が増えますが、生産量を増やせば、十分に経済性が得られるようになると思われます。このように、電化が難しいと考えられる用途でも工夫することで電化は可能です。こうした電化機器は、いずれ世界で求められるものですので、その開発にどんどん補助金を充てて、日本の産業育成にしても良いかと思います。

最後に熱利用の電化を進めた場合に生じる最大の問題が、都市ガス事業者やLPガス販売事業者などの経営が成り立たなくなることです。電化を進めるには、政府がそうした事業者に対して事業転換を支援することが必要不可欠です。むしろ、それらの事業者にとって、カーボンニュートラルに向けた電化促進に積極的な姿勢を取りたくなるよう、政府が支援制度をしっかり用意することで、うまく誘導することも可能です。事業者にとって、変わらないよりも変わっていく方がメリットが大きいと考えられるようにするのです。転換後の事業は、エネルギー関係のビジネスには限りません。地域の課題は、移動、医療、介護など山積みです。それらに対するソリューションを提供できる事業を起こしていくことに、政府の積極的な支援が行われる必要があります。すでに、ENEOSや出光興産は、ガソリンスタンドを石油製品供給の場から、地域の多様な課題解決のためのサービス提供の場へと変革しようとしています。地方のガス事業者に対しても、大企業から新しいビジネスの種が蒔かれると良いかと思います。

電化が進み、太陽光/風力発電が増えた場合、冬場の給湯/暖房需要で電力が再エネだけでは、大幅に足りないという状態に陥ると考えられます。将来は、水素やアンモニア等による貯蔵によって、賄われるかもしれませんが、それまでの移行期としては、ガスで賄うことも重要な手段だと思われます。そこで、例えば、エコキュートにガス給湯機能を付け加えて、冬場の不足時にガスで給湯することで、冬季の電力不足をガスで補完する方法が考えられます。需要を残しつつ、ガス事業者の事業転換を進めていくことが考えられます。すでに、ヒートポンプ給湯とガス給湯のハイブリッド製品はあるのですが、タンク容量が小さく、VRE電力余剰の日でも電気だけでの給湯が難しく、ガスを使わなければいけないシステムになっています。一般的なエコキュートのタンクサイズにガス給湯器を付けたものが必要です。もちろん、設備コストは高くなりますが、LNG火力の固定費は、1.5万円/kWであり、ガス給湯器付加で1.5kW電源の回避ができますので、10年間で22.5万円のメリットとなります。ガス給湯器付加はせいぜい5～10万円程度ですので、ガスインフラの更新が必要になるまでの間は、十分に合理的な選択肢と言えます。あとは、こうした社会全体の経済合理性を市場システムに反映させることが必要です。具体的には、電力ひっ迫時の電気代を高くすることも考えられますが、対策が難しい家庭の冬場の電気代が上がってしまい、最悪の場合、電気代を気にして暖房をつけずに、死者が出てしまう可能性もあります。そこで、現在の容量市場にDR（ディマンドレスポンス）として、ハイブリッド給湯機も参加できるようにすることが考えられます。容量市場に参加するハイブリッド給湯機は、電力ひっ迫時にガスで給湯することを条件に、毎年対価が支払われるようになります。

■ 移動の電化促進

EVは、これまで蓄電池容量を多くして、航続距離の長さを競い、基本的には高級車として販売されてきました。しかしながら、EVは、構造がシンプルであり、小型化に向いているため、本来は、通勤や買い物で使うような普段乗りにより適していると考えられます。実際にトヨタ車体の1人乗りのミニカーであるコムスは電動ですし、バイクに関しては、メーカー4社が共通の交換式バッテリーを採用することにして、電動バイクを本格的に普及させようとしています。2022年6月には、日産と三菱が軽EVを販売開始しましたが、これは、日本におけるEVの転換期になると考えています。EVが高級車のイメージから、むしろ、短距離移動に優位な存在ということに消費者が気付いていくからです。EVや電気駆動の自動車（例えば、ノートeパワーなど）を購入したら、ガソリン車には戻れなくなるという話をよく聞きます。これは私もそう思います。電気駆動車は、加速のレスポンスと加速力が良いのです。内燃機関は、その特性からどうしても低回転域でのトルクが小さく、ギアも必要になり、加速レスポンスに限界があります。一方、モーターは低回転域から最大のトルクが得られますし、周波数と電圧を変えることで、最適なトルクと回転数が与えられます。実際に私はEV（ミニキャブミーブ）に乗っていますが、駐車場等から道路に出るとき、道路を走る車の間に入っていくのが楽になりました。また、アクセルだけで、減速もできるワンペダルドライブができることも、慣れると便利です。

EV普及の課題として、航続距離の短さや急速充電施設の少なさが挙げられます。しかし、普段の通勤や買い物、そして、週末のちょっとしたお出かけでは、自宅や職場以外で充電することはほとんどありません。年に数回の長距離ドライブには、ガソリン自動車や航続距離の長いEVをレンタルすればよく、それが常識になるかもしれません。また、遠出するときには、エンジンで発電して充電するレンジエクステンダーEVという選択肢もあります。まだ、車種は少ないですが、日常はEVで、遠くに出かけるときにはガソリンというのは、たいていの家庭で車の所有が1台であることを考えれば、合理的な選択肢です。また、エネルギー源がガソリンだとしても電動にした方が、エネルギー効率が良くなります。最も効率の良い状態でエンジンを動かして発電し、その電力でモーターを動かした方が、内燃機関で直接駆動させるよりも効率が高いのです。

充電の在り方も近い将来変わると思われます。VREが拡大すれば、太陽光発電の影響で昼間の電力価格が安くなるため、昼間の充電が経済的になります。通勤等で自動車を使う場合は、昼間、自宅には車がありません。そこで、比較的滞在時間の長い目的地、例えば、職場、ショッピングセンター、スーパー銭湯などには、安い電気を使った充電サービスが一般的になる可能性は高いです。こうしたところでは、航続距離的に充電する必要はないけれど、安い電力価格なので充電するという目的なので、急速充電である必要はありません。普通充電が至るところに設置されるようになると考えられます。

EVへの移行での本当の最大の課題は、産業構造が変わることでの雇用への影響です。日本の自動車関係の製造業の雇用は、約90万人です。エンジン駆動に比べ、モーター駆動は、部品点数が減りますので、雇用も小さくなります。ドイツでは、民間研究所が試算し、ドイツの自動車製造の雇用約61万人のうち、約21万人の雇用に影響が及ぶとのことです。よって、拙速な移行はできませんし、産業転換を進めながら転換していくことが重要です。そうした意味で、メーカーが販売する自動車の電動化への長期的な見通しを示すことはとても重要です。また、産業転換は、民間企業だけでできるものではなく、政府による支援も必要です。2021年に当時の菅総理が通常国会での施政方針演説で、国内販売車の電動化について「2035年までに新車販売で電動車100％を実現する」と表明しましたが、これに沿った支援策が求められます。すでに、説明しているように、EVはガソリン車より安くなる可能性が高いですし、消費者がガソリン車よりもEVを選ぶようになる可能性も高いと思われます。日本の自動車メーカーや部品メーカーの転換が遅れれば、海外のメーカーに市場を奪われることは必須です。逆に世界で売れるEV開発を官民挙げて進めていく必要があります。

EVの効果は、ガソリンや軽油を電力に変えるだけではありません。電力系統の需給バランスを調整することもできます。VtoH（Viecle to Home）やVtoG（Viecle to Grid）と言われますが、EVの蓄電池から電力を住宅や系統に送ることで、需給バランスに貢献することも検討されています。現在は、EVから電気を取り出すために外付けの機器（インバータ）が必要で、これが高額なため、普及が進んでいません。実は、多くのEVが同期モーターであり、交流電気で動いています。蓄電池から出せる電気は直流ですので、直流を交流に変えるインバータが車の中にあるのです。EVは、そのインバータで電圧、電流、周波数を自由につくりだし、常に最大の効率でモーターを動かし、走行しているのです。ということは、そのインバータを利用して、系統電力に合わせた電圧と周波数の交流電気をつくることもできるはずです。今は、直接系統に電力を送れるEVはありませんが、電力系統で必要な調整力が大きくなり、需給調整に対して経済的インセンティブが高まれば、EVを系統需給バランス調整に使いたいというニーズが高まり、EVが調整力となることも考えられます。走るEVは、新興国でも製造できますが、系統需給調整にも使えるEVは簡単ではありません。日本は、パワエレやその他電気機器の製造に強い会社も多いので、日本企業が世界に展開できる可能性がここにあるかもしれません。

あと、とても余談なのですが、将来的にはEVの屋根には太陽光発電が付くのが当たり前になると妄想しています。トヨタのプリウスPHEVがオプションで屋根に太陽光発電仕様にできますが、私のイメージは、それと少し違います。**図5-5**のように、太陽光発電の屋根が動いて、太陽光の方向に合わせて、最適な角度を作り出すというものです。車の屋根から離れる理由は、車内温度の上昇を防ぐ目的があります。多くの人にとって、自動車の嫌な点に、夏の車内温度があると思います。車内温度を上げなければ、冷房負荷も減り、省エネにもなりますし、何よりも不快なことが減ります。

図5-5　将来のEVのソーラールーフのイメージ

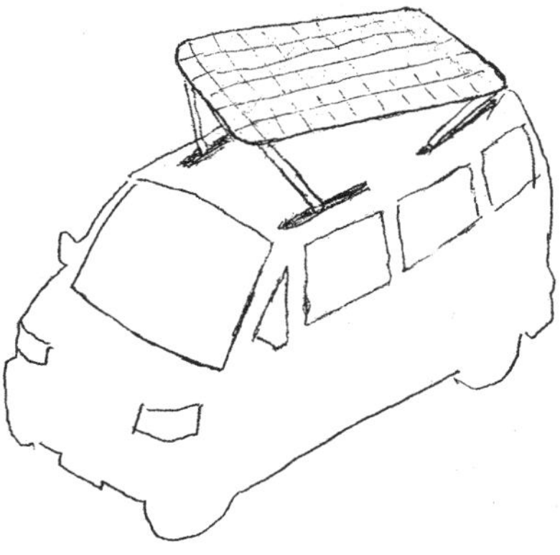

ルーフが可動式。
太陽光の向きに充てることで、
発電量の最大化。
車体屋根との空間で、車内温度上昇を
緩和。

出典：自然電力作成

▩ 電力需給バランスの調整

現在のVREの課題として、需給バランスを維持する機能をもっていないということがあります。電力は、需要量と供給量を常に一致させる必要があります。需要量より供給量が少ないと電気の周波数が下がっていき、需要量より供給量が多いと周波数が上がっていってしまいます。電気の周波数は、東日本は50Hz、西日本は60Hzと決まっており、その値に維持されるように、一般電気事業者は、需要量の変化に合わせて供給量を調整しています。需要量は、これまでの経験から1日の変化や季節や気温、天候によって、ほぼ正確に予想ができるようになっています。しかしながら、系統事故によって広域で停電が起きれば、それは予想外の形で需要が下がってしまいますので、供給側は、系統事故で需要量が急減しても、すぐに供給力を下げられるようにしておく必要があります（「下げ代」と言います）。また、発電所が異常を検知して、突然停止することも発生します。その場合は、供給量をカバーするために、他の発電所が出力を一気に上げられるようにしています（「上げ代」と言います）。このように、発電所は、需要の変化だけでなく、様々な事故も想定して、供給力を上げ下げできるようにしています。これを「調整力」と言います。

VREは、気象任せの発電ですので、この発電量によって、需要量からVRE発電量を引いたネット需要が大きく上がったり、下がったりします。VREが大量に導入されると、他の電源で調整する必要がありますが、他の電源の発電量自体が下がってしまうので、調整できる幅も小さくなってしまいます。これが、VRE拡大による調整力不足の問題です。

調整力は、どれくらいの反応速度で、どれくらいの時間を調整するのかという時間の単位によって、その対策が変わってきます。ここでは、30分以内の周期の変動、30分～1日周期の変動、1日～1週間、1週間以上の周期の4つの時間の長さに分けて、ネット需要の変化とその調整力について考えてみたいと思います。

まず、30分以内の周期ですが、30分という区切りは、最低出力で運転

図5-6　火力発電所の起動時間

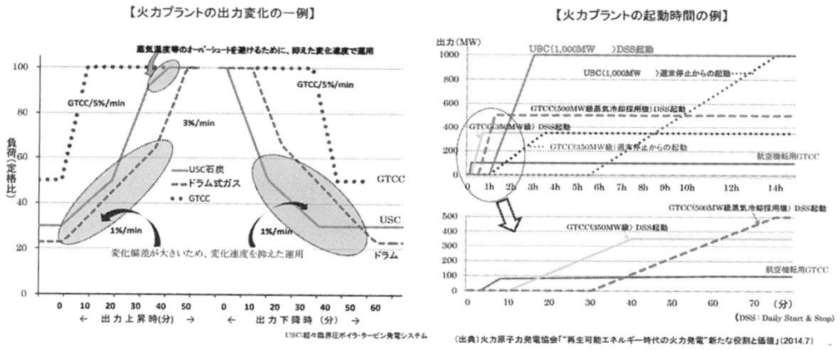

出典：経済産業省「総合資源エネルギー調査会発電コスト検証ワーキンググループ」資料より引用

する火力発電が指令を受けてから最大出力まで上げるのにかかるおおむねの時間です（参考：**図5-6**）。そして、この短い単位で起きるネット需要の変化は、主に発電所か系統の事故になります。VRE発電所の出力は、数分以内に大幅に変化するのですが、エリア全体での合計では均し効果が働き、個別発電所で見られたような数分以内の大きな変動はなくなります。また、VRE発電所１か所が事故で止まっても、規模が大きくないため、その影響は小さいです。一方、火力発電所の緊急停止は、一瞬で数十万kWの出力を失いますので、影響が大きいです。この一瞬での出力低下に対して、他の電源で一気に出力を上げて、カバーする必要があります。しかし、VREが大量導入されると、火力発電の発電量が小さくなり、一気に上げられる出力の幅も小さくなってしまいます。その出力の幅を確保するために、火力発電所を稼働させておけば、VREを出力制御する量が増えてしまい、化石燃料の消費量が増えてしまいます。また、火力発電所は、出力を上げるのに時間がかかります。例えば、コンバインドサイクルガス発電の場合、１分で定格出力の５％くらいずつしか上げられません。そこで、対策として有効なのがVRE発電所や蓄電池による調整力の拠出になります。

VREは、インバータで直流を交流に変えて、系統に電力を流しているので、そのインバータに指示することで、瞬時に出力を変えることができます。下げる方は、それでいくらでも調整できますが、上げる方については、上げが欲しいときに日射量や風速が増えるわけではないので、工夫が必要です。やり方としては、100の発電ができるVREを予め90に制限させておき、上げ代が欲しいときに、インバータで100に増やすというものです。調整力が不足するのは、VRE発電量が大きいときなので、それだけVREから調整力も供出できるということです。それこそ、九州ではすでに、多くの日で出力制御が発生しており、VREを止めています。それを上げ代調整力に回せば、火力発電による発電量を減らすことが可能です。蓄電池の場合は、上げ代が必要であれば系統に放電して、下げ代が必要であれば系統から充電することで調整ができます。このように、30分以内の調整力については、火力よりもVRE出力制御と蓄電池が効果的です。

次に30分～１日の周期ですが、１日は、人の生活サイクルの周期であり、需要量カーブが１日周期です。また、太陽光発電の発電量カーブも１日周期であり、ネット需要は１日周期になりますので、この１日以内の調整力について考えてみます。VREが大量導入されると、需要変化に加えて、気象変化による変化が追加され、これまで以上の調整力が必要となります。特に、太陽光発電の大量導入によって、朝と夕方に急激なネット需要の変化が生じます。太陽光は発電する日であっても、昼間にしか発電しません。しかも、夕方は、家族が家に帰って空調のスイッチを入れたり、夕食の支度をしたりするため電力需要が大きくなります。つまり、夕方は、需要量引く太陽光発電量のネット需要が急激に増えることになります。火力発電所は、急激な出力アップには対応できず、電力不足が起きて、停電してしまう可能性があります。こうした問題を、ネット需要の曲線がアヒルの頭から背中にかけての曲線に似ていることから、「ダックカーブ問題」と言います。

１～２時間で急激に増えるネット需要に対して、当面は、火力発電で対応することになります。特に起動が早いLNG火力発電が向いています。しかしながら、ダックカーブが大きくなると、起動が追い付かないことになってしまいます。その場合、昼間の太陽光発電量を抑制させて、火力発電所を稼働させておいて、夕方に出力を上げておくことになります。つまり、太陽光発電ができるにも関わらず、燃料を使って発電してしまうことになり、経済効率性が下がってしまいます。また、火力を予め運転するため、ネット需要を的確に予想する必要があります。しかし、予想が外れてしまうこともあり、そのようなときは火力発電で十分に調整できないことがあります。

そこで、１日以下での需給調整に有効な方法が蓄電池です。蓄電池は、瞬時に出力100％で充放電することが可能です。蓄電池の充放電を制御し、急激な需給変動を緩和させることができます（**図 5-7**）。仮に毎日晴れる地域の場合、朝と夕方の２回の充放電ができます。実効容量１kWh当たり30千円の蓄電池を15年間利用した場合（充電容量の劣化は15年で20％、１充放電のロスは10％と仮定）、１kWhの充放電にかかるコストは、3.38円/kWhとなります。昼間の捨てるはずだった太陽光発電の電力を、このコストで利用できるので十分に経済合理的だと言えます。ただし、日本では、毎日が晴れというわけでなく、蓄電池の稼働率はここまで高くなりません。２日に１回晴れて、１日に２回の充放電を行うと仮定すると、6.76円/kWhというコストになります。系統全体での蓄電池が少なければ、稼働率が高まり、１kWh当たりのコストが低く経済効率的ですが、蓄電池が増えて、稼働率が下がると経済効率的ではなくなります。このことは、第３章の総発電コストの試算からも判明したように、現状の技術で電力コストを現状から２割増しで抑えようとすると、蓄電池導入量は、500GWhが最適だということになります。

１日以上の周期については、VRE発電所や蓄電池での対策は難しいです。例えば、１週間周期の変動を蓄電池で調整しようとすれば、年間稼働回数が52回になるので、１日周期で使うよりも、１kWh当たりのコストは７倍のコストになってしまいます。１日周期以上の変動は、ネット需要に合わせて、他の電源に発電してもらうしかなさそうです。特に風力発電は、数日～１週間程度の周期であることが多いため、風力発電の調整力には、当面は火力発電所が使われることになります。また、日や週によって発電量が変わってくるため、燃料を貯蔵して調整することが必要となります。LNGは、輸入してから１週間程度で使う必要があり、毎日のように同じ程度の量が輸入されているので、１週間以上の変化を調整するには不向きです。長期貯蔵が可能な石炭火力が、１週間以上の調整力には使えそうです。もちろん、将来的には、革新的な技術によって、ゼロカーボンかつ低コストな形での１日以上の調整力が実現することを期待したいです。

このようにVREが主力電源となる世界では、30分以内の調整をVRE出力制御と蓄電池で行い、30分～１日の調整を蓄電池とLNG火力、１日～１週間の調整をLNG火力、１週間以上の調整を石炭火力で行うことが合理的と考えられます。しかしながら、現状の日本の調整力の使い方は、そのようにはなっていません。その理由としては、系統需給に合わせて制御できるVRE発電設備や蓄電池が少ないことがあります。また、日本の電力需給バランスの考え方が、カーボンニュートラル前編に必要な太陽光400GW、洋上風力100～150GWという規模を想定していない点も原因です。

電力需給バランスの取り方については、これまでの電源には「ベース」「ミドル」「ピーク」という考え方がありました。出力の調整ができない原発や限界費用が安い石炭火力は、できるだけ高い稼働率で動かし（ベース電源）、燃料費は高いけれど出力の調整がしやすいLNG火力を動かし（ミドル電源）、電力需要が特に高い日だけ石油火力を動かす（ピーク電源）という運用方法です。しかし、VREが主力電源となり、年間の電源構成比で20～30%を超えてくると、VREの発電量がベース電源の部分にも入り込んでくる頻度が高くなり、ベース・ミドル・ピークの考え方は通用しなくなってしまいます。**図5-7**は、九州エリアの2020年度の１時間単位のネット需要を大きい順に並べたカーブ（デュレーションカーブ）

図5-7　デュレーションカーブ

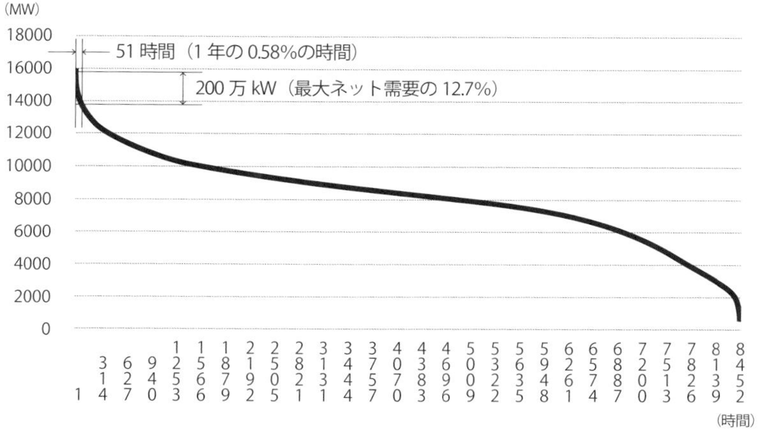

※九州エリアの2020年度のネット需要（1時間単位）を大きい順に並べたもの。

出典：自然電力作成

ですが、1年のたった0.58%の時間のために、最大ネット需要の12.7%になる200万kWもの発電所が必要になります。LNG火力とすると固定費で年間300億円になります。そこで、新しい需給運用の考え方として、「フレキシビリティ（Flexibility;柔軟性）」という言葉が欧州では使われています。需要からVRE発電量を引いたネット需要をいかに他の電源で賄うかという考え方です。よって、今後のVRE以外の電源は、柔軟性という観点で整備が進むよう、制度設計を考える必要があります。しかし、政府の審議会を見ていると、相変わらず、「ベース」「ミドル」「ピーク」という考え方で検討しています。具体的に何が問題かというと、この考え方だと、ベース電源は維持されるため、VREがたくさんあっても、VREの制御が多くなるか、経済効率性の悪い電源整備になってしまいます。例えば、ベース電源としての効率性だけで考えると、大規模な石炭火力が設計されますが、柔軟性電源として考えると、同じ石炭火力でも１基の規模は小さくしようということになります。火力発電所は、発電効率をいかに上げるかという観点で、大型化が進んできましたが、１％の発電効率よりも、１基当たりの規模を小さくして、柔軟性を高めた方が、全体での化石燃料利用量は小さくなります。考え方１つの違いですが、結果が大きく変わってきます。

■VREに合わせた需要

VREを最大限に導入するためには、VRE発電に合わせてエネルギーを利用することが重要になります。これまで、私たちの電気の使い方は、使いたいときに使いたいだけ電気を使う、照明や家電のスイッチ入れるときも特にコストも気にせず、スイッチを付けていました。これからは、VRE発電量が大きい時間の従量料金単価が安くなり、VRE発電量の小さい時間の従量料金単価が高くなるため、VRE発電量に応じて電力を利用した方が、電気代が安くなります。それが電気の使い方の常識になっていくと考えられます。

VREに合わせた需要を進めるには、経済的インセンティブが必要不可欠です。つまり、VREの発電量が多い時には電力単価を下げ、VRE発電量が少ないときには電力単価を上げることです。すでに、卸電力取引所の取引価格は、VRE発電量に応じて、上がったり下がったりしています。この価格のボラティリティ（振れ幅）が需要側の調整に必要なコストを上回れば、需要側での調整が進んでいきます。例えば、蓄電池の場合は、海外での低価格な蓄電池を日本でも導入できれば、１日のうちの市場価格が安い時間帯に充電して、市場価格が高い時間帯に放電すれば、15年くらいで元が取れる可能性が十分にあります。さらに蓄電池は、秒から分単位の短時間での制御が得意ですので、30分未満の調整力も提供して対価を得ることで、蓄電池の経済性が得られるということになります。これは、すでに日本で導入が決まっている需給調整市場で実際に対価が得られるようになります。しかしながら、日本に安い蓄電池が入ってきたとしても、現在の経済的メリットでは、系統の需給バランスに合わせて制御しようという十分な動機にはならない可能性も高いのが実情です。VRE発電に合わせて、電力を使ってもらうようにするためには、VRE発電量に応じて、市場価格を高くしたり、低くしたりすることが有効です。また、市場価格のボラティリティ（価格上げ下げの幅）を高めるために、卸電力取引所の取引価格にマイナスを導入することも有効だと考えられます。

ヒートポンプ給湯の場合ですと、現在は、系統全体での需要が小さくなる深夜に沸き上げをします。しかし、VREが増えると、需要の小さい時間帯ではなく、ネット需要が小さい時間帯に稼働させた方が火力発電での調整が小さくなるため、合理的です。特に太陽光は、日中に発電するため、日射量が高い日は、日中に沸き上げをすることで、太陽光発電の出力制御を緩和できます。また、ヒートポンプ給湯も増えてきており、それらがほとんど同じ時間帯（朝６時くらい）に稼働するため、すでに、系統大でその時間帯の需要が高まってしまっています。ヒートポンプの沸き上げ時間を分散させることで需要変動を小さくできます。しかしながら、現在普及しているほとんどのエコキュートは、系統需要に応じた沸き上げ時間の制御はしていません。エコキュートの製品としては、通信機能を付加すれば、制御はできますので、制御した方が得になるような制度が必要です。やはり、市場価格のボラティリティを高める必要があると考えられます。価格ボラティリティが高まれば、小売電気事業者は、市場価格の安い時間帯で沸き上げをさせたいと考えるので、そうした制御に対応してくれたら、電気代が安くなるというサービスが登場すると考えられます。

第３章の試算結果にあるように、将来の電力需要量は大きくなります。ただし、電化されて増える電力量の８割程度は、ヒートポンプ給湯やEVのように、１日の中で電力消費する時間を調整できるものでもあります。つまり、１日単位であれば、VREが発電する時間に合わせて、需要させることができるので、VREとは調和的であると言えます。私たちの試算では、日本の給湯と自動車移動をすべて電化すれば、太陽光/風力発電の出力制御量を１～２割程度下げることができます。

すでに、日本ではヒートポンプ給湯機や家庭用蓄電池が諸外国よりも多く普及しています。ただ、それらが系統需給バランスに合わせて、制御されていないのはもったいないと思われます。これも卸電力価格のボラティリティが大きくなることで経済メリットが出るため、需給バランスに応じて電力消費する時間を調整するようになります。具体的には、小売電気事業者が卸電力価格に連動した料金体系を用意するか、小売電気事業者が需要家の電気代を割り引く代わりに、調整可能な需要機器の操作をすることが考えられます。

住宅などの建物は、高断熱化が進むことで、電力需要がフラットに近くなり、電力供給の観点からは良いのですが、さらに、冷暖房に必要な熱を貯めることができれば、VREの発電に合わせて、電力需要するようにもできます。ヒートポンプで冷温水をつくり、それを使って空調する製品はあります。それにタンクを付けることで、冷温熱としてエネルギーを貯めることができます。特に冬の暖房では有効で、日中の太陽光発電の余剰電力で、温水を作っておいて、夕方以降に暖房として使うことが考えられます。温水床暖房は設備コストが高いですが、ファンコイルユニットを使って、床下エアコンを行うことで大きなコストアップなしで温水暖房が可能です。

系統全体で電力需要が高まる一方で、経済効率性を高めるためには、発電所や送配電系統などの新規設備をできるだけ導入しなくても済むようにすることも重要です。これからは、「新規の火力発電所を建てるのではなく、小規模分散の設備を制御して調整する」を優先に考え、それでも足りない部分を新規火力発電所で賄う、火力発電も小規模で柔軟性を持たせることが経済合理的です。これを原則ルールとして、政府が提示することも必要かと思われます。

VREが増えると、VREが余剰となっている時間は、いつもより電力使用量を増やして有効利用した方が良い、さらに言えば、いくら電気を無駄遣いしても良いということになります。これにより、CO_2対策で重要であると位置づけられている「省エネ」という考え方も変える必要があります。省エネが不要な時間もあるのです。もしかしたら、いわゆる最終エネルギー消費量を減らすという「省エネ」は不要なのかもしれません。それよりも、化石燃料消費を減らせるかが重要です。

また、VRE発電に合わせてエネルギーを利用する「晴耕雨読」的な生活をお勧めしたいです。VREが発電するときに使って、発電しないときに使わないということです。かつて人々の行動は、天気と密接に関係していました。晴れたときに農作業や移動し、雨の時には内職をしたり休んだりしていました。輸送では、船舶は風で推進していたので、風向きに合わせて荷物を輸送していました。今では、天気に関係なく仕事をして、移動/輸送をしています。それを少し天気に応じて活動するようにすることも必要だと思います。このようにカーボンニュートラルに向かっていく世界では、生活や事業のやり方自体が変わっていく可能性があります。

■需給ひっ迫時の対策

日本におけるVREによるエネルギーシステムの最大のネックは、厳冬期の供給力不足です。**図5-8**にあるように、太陽光400GW+風力200GW+蓄電池500GWhを導入しても、厳寒期には数日間の単位で、発電量不足となります。こうなると、蓄電池があっても融通して持ってこられる電力がありません。VRE以外の発電所の規模(kW)も燃料(kWh)も確保しておく必要があります。

VRE以外の発電所の規模を確保する経済効率的な方法としては、現存する発電所をできるだけ維持することです。新しい発電所をつくれば、30年以上利用しなければならず、それがカーボンニュートラルの社会で使われなくなった場合に座礁資産となる可能性があります。それよりも今ある発電所をなんとか維持して、いざというときに使えるようにすることが経済効率的です。また、燃料を確保する必要がありますが、火力発電のうち、LNGについては1週間程度で使う必要があり、厳寒期のために確保しておく燃料としては不適です。そうなると需給ひっ迫に使

図5-8　厳寒期のネット需要

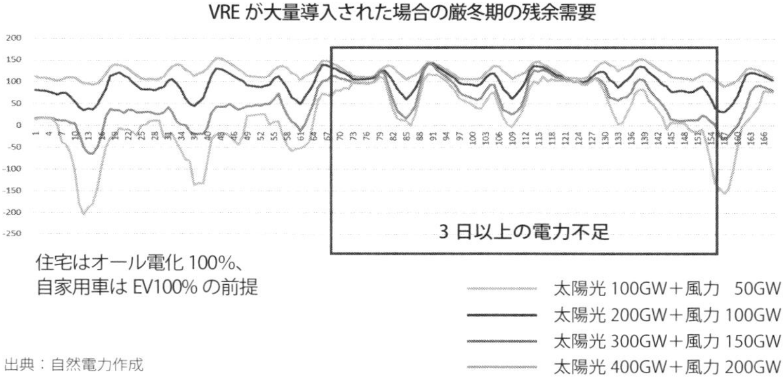

出典：自然電力作成

える燃料は、石油と石炭になります。特に、石炭火力発電所を残すとなると、CO_2排出量が増えてしまうという懸念の声もあります。ただ、発電所を残しても稼働させなければCO_2は排出されません。本当に電力が足りないときだけ稼働させるようにすれば良いだけです。ドイツでは、戦略的予備力という制度で、これを実現しています。日本では、供給力確保の議論の中で、検討の初期でなぜか選択肢から外されましたが、この制度は、脱炭素と供給力確保を両立させる有効な制度と思われます。

次に、電力ひっ迫時に需要を減らすということです。デマンドレスポンス（DR）と言いますが、大きな工場等が協力して、これまでも実施されています。私が以前勤めていた機械メーカーでも、旧一般電気事業者の要請に協力して、工場の操業を止めたことがありました。これまでは、大きな工場等だけでしたが、デジタル技術の進歩によって、小さな単位でも実施できるようになってきています。それこそ町工場など、生産スケジュールに余裕があれば、電力ひっ迫時に生産を止めて、対価をもらうこともできるようになります。また、ジャストアイデアですが、高齢者の住宅は断熱性能が低いことが多いため、厳寒期の数日間は、公民館のような公共施設で過ごしてもらうということも考えられます。１年に数回、厳寒期に集まって共同生活してもらうことで、災害時の訓練にもなります。いずれにせよ、幅広いDRに対価が支払われるような制度と、民間事業者の工夫が求められます。こうした小さな積み重ねで、かなりの需要削減ができると思われます。

熱利用の電化が進むと、厳冬期には熱需要が増えることから、電力需要も増えます。これを抑えることも重要です。ヒートポンプ給湯は、外気温から熱を取って、お湯をつくるため、外気温が下がるとヒートポンプの効率が下がります。さらに、水道水温も下がるため、冬のヒートポンプ給湯の電力消費量は、夏の10倍にもなります。そこで、電力が不足する日だけ、電力以外で給湯や暖房を行うことが考えられます。つまり、電力と他の燃料によるハイブリッドシステムです。他の燃料として、カーボンニュートラルの移行期でも都市ガス等は残りますので、当面は、都市ガス等と電力のハイブリッドは有りだと思います。また、木質バイオマスを使うことも可能だと考えられます。特に日本の山には、スギ・ヒノキがあります。これを地域で流通させ、薪ボイラで利用できます。ヒートポンプ給湯と薪ボイラを１つのタンクに接続すれば、お湯の使いやすさは、今のエコキュートと同じになります。薪ボイラに薪を入れて、火をつける手間は必要ですが、それ以外の利便性は損なわれません。このように、給湯/暖房では、積極的にハイブリッドシステムを導入していくことが効果的と考えられます。

そして、カーボンニュートラルへの移行期で、ガス利用が残るのであれば、それも最大限活用してはどうかと思います。例えば、ガス給湯器とヒートポンプ給湯機とのハイブリッドシステムにおいて、ガス給湯器の方をガスエンジンコジェネレーションにして、発電もすれば、電力不足時に電力供給もできます。もちろん、設備費が大きくなってしまいますが、一度投資すると30〜50年も使わないといけない大規模な火力発電所よりも、10〜15年で更新となる分散型のコジェネシステムの方が、カーボンニュートラルへの移行期には適しているとも考えられます。

それと、レンジエクステンダーEV（xEV）による発電も考えられます。

移動の電化で書いたように、EVの航続距離を延ばす方法として、xEVがありますが、これを電力ひっ迫時の供給力として使うのです。EVには、蓄電池から放電される直流電気をモーター駆動のために交流に変えるためインバータが入っています。今のEVは、モーター駆動のためだけのインバータですが、これを系統接続できるように設計すれば、ほとんど同じようなハードで、電力系統に接続して、発電機として使えるようにできます。もちろん、ガソリンから発電するので、燃料単価は高くなりますが、設備固定費は追加的には小さいですので、もしものときの予備力としては、経済合理的になると考えられます。

また、「エネルギー利用の優先順位」という考え方があってもいいかもしれません。エネルギー利用に対して、社会的な優先順位を予め決めておくのです。例えば、①命を守る、②生活する、③仕事をする、④遊ぶに分けると、①から④に優先順が高いと一般的には考えられます。こうした考え方を誰もが持つことによって、電力ひっ迫時に、この優先順位の低い順に活動を控えていくことになります。逆に、VRE発電で電力余剰時には、遊びであっても、電力を無駄遣いしてもいいのです。こうした対策は、日本人が得意なことかもしれません。ごみの分別など、経済インセンティブや大した罰則もないにも関わらず、海外では見られないくらいしっかりと行っています。エネルギー利用の優先順位も日本人であればできそうだなと思います。

以上のように、厳冬期の電力不足を、大規模な火力発電所の新設よりも安い対策で埋められるかが、カーボンニュートラル移行期での重要なポイントになります。カーボンニュートラル後編でどのような社会になるのかは未だ分かりません。考え得るどのエネルギーシステムになっても良いように、無駄な投資にならないように、供給力を確保することが求められます。

▩ エネルギー安全保障の経済内部化

日本経済にとって、エネルギー安全保障が最大の課題の１つであることは、論を待ちません。しかし、電力システム改革によって、旧一般電気事業者が担ってきたその役割を彼らが担う余裕がなくなり、一方で、政府も担っていない状態にあると思われます。第１章で書いたように、カーボンニュートラルは、地球温暖化防止だけが目的ではなく、むしろ、海外の化石燃料依存を脱することの方が重要だと、敢えて言いたいです。とはいえ、政府の会議を見ていても、エネルギー安全保障を直接の目的とする議論は多く見られません。2021年１月に卸電力取引価格が高騰しましたが、それは中国等のLNG需要が伸びる一方で、VREが増えてLNGの調達予定が立てにくくなり、そして、米国でのLNG基地の不具合による生産量の低下が重なり、LNGの輸入が滞ったために発生しました。これは、日本がエネルギー安全保障に関して、十分な対応が取れていない一端と思われます。

太陽光や風力は、安く大量に電力を生み出せるポテンシャルがあり、エネルギー安全保障上、最も有効な手段ですが、モンスーン気候の日本においては、それらだけでは必要なエネルギーを、年間を通じて賄うことはできません。気象学的な分析もしましたが、太陽光も風力も発電しない期間が、数日という単位で年に数回存在します。つまり、どんなに大量の太陽光/風力発電所を導入しても、その他の電源で全需要をカバーしなければなりません。必要な火力発電所の容量はほとんど小さくならないのです。それが日本の置かれている気候条件であり、世界でも再エネには恵まれていない方の国なのです。

自然電力は、気候変動を緩和したいと本気で考えているからこそ、石炭火力は当面は必要だと考えています。太陽光/風力が拡大するには、それらが発電しないときのバックアップが必要です。でも、石炭火力発電は、CO_2排出係数が高く、気候変動に悪影響があります。そこで、石炭火力発電所が存在していても、できるだけ稼働させずにCO_2を排出させないための仕組みを導入すれば良いだけです。それが戦略的予備力です。VREを増やしても火力発電を減らすことはできないので、稼働しなくても事業性が成り立つように、石炭火力発電所に固定費を支払うのです。代わりに、通常時は発電しないでもらうという仕組みです。エネルギー安全保障のため、日本は石油や天然ガスの採掘権確保を進めていますが、石炭鉱山を確保しておけば、日本国内のストックに合わせて、採掘していけるので、燃料調達リスクも下げられます。

もちろん、将来的には、技術革新によって、石炭火力に変わるカーボンフリーな電源が登場する可能性はありますし、日本政府もそれを目指しています。しかし、それまでの間、石炭火力は必要だと思います。そして、LNGを安定した価格で調達することも必要です。VREが増えたことで、年によって必要となるLNGの量が異なります。実際に、2020年に九州電力やJERAは、LNGが余ってしまい、それを安く転売したことでの損失が生じています。LNGは長期間保管することができません。つまり、貯蔵できない燃料なので、VREの長周期の発電量の違いを調整することには使えません。よって、LNG利用量は、週単位で一定としつつ、週単位での電力需要の増減を石炭火力で調整した方が合理的な燃料利用の考え方と思われます（**図 5-9**）。しかし、多くの発電所を持つ電力会社（旧一電の発電部門）は、会社によって持っている電源比率が大きく異なるため（石炭が多いかLNGが多いか）、経営の合理的判断でこれを実行することは難しいと考えられます。石炭を既設調整電源とするのであれば、何かしらの誘導策が必要だと考えられます。

また、バイオマスを調整力として使うことも有効です。国内のバイオマス資源だけでは、日本の森林資源量の半分を燃料に利用できたとしても、年間64TWhと電力需要の約５％にしかなりません（発電所規模で7.7GW）。でも、最も電力需給がひっ迫する時期の３か月だけ運転すれば、30GW規模の発電が可能になり、大きな効果が出ます。現在のFIT/FIP制度では、発電するほどに利益が上がるので稼働率を下げることは難しいですが、戦略的予備力と同じように固定費を支援する仕組みにすれば、電力ひっ迫時に役立つ電源として使えます。もちろん、電化のところで説明したとおり、冬季は熱利用で電力需要が増えるので、木材を熱で利用することで熱利用による電力需要を減らすこともできますので、こうした設備にも経済的インセンティブが付けられるべきと考えられます。

図5-9　LNG 安定供給の方法（アイデア）

- 現在、石炭がベースで LNG でミドルとなっているが、燃料の備蓄性を鑑みると、1 週間単位の LNG 発電量を固定して、1 週間未満の需給調整を LNG で調整しつつ、1 週間単位の調整を石炭で行う方が合理的（下図）
- しかし、旧一電の電源構成が会社により、LNG 主力と石炭主力に分かれており、市場競争の中では限界費用の安い石炭が優先され、上記のような最適な運用は不可能。
- 戦略的予備力で石炭火力の稼働を止めるだけではこうならないため、石炭火力の限界費用が LNG 限界費用レベルになるような仕組みを入れる必要がある。

1 週間単位の需要変動

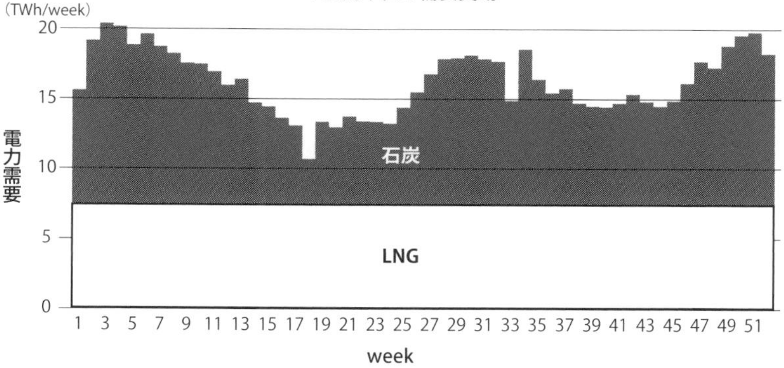

1 月第 3 週の需要変動

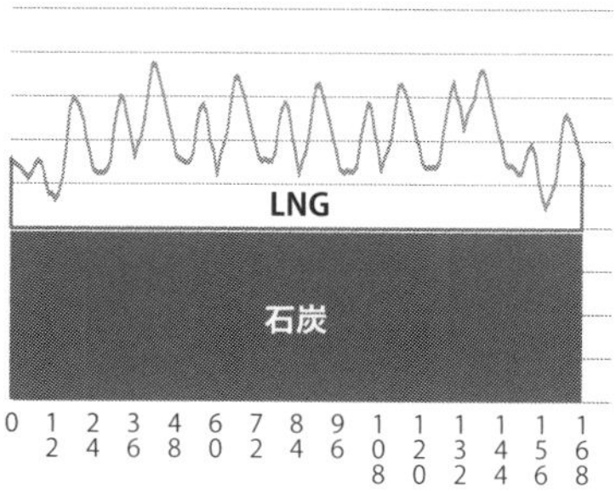

5 月第 3 週の需要変動

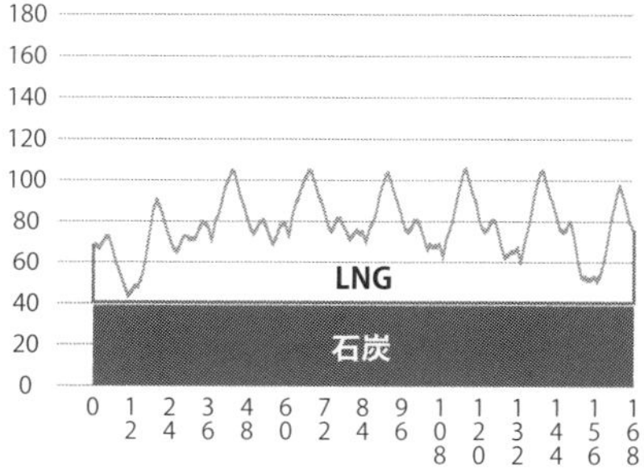

出典：自然電力作成

エネルギーインフラの転換には30年以上かかります。それよりも短くなれば、その分だけ２重投資が増え、経済効率性は低くなります。それゆえ、30年先を見通して、その時に起こり得る可能性を広く考慮した上で、電源等の整備を考えていく必要があります。日本のカーボンニュートラルは、エネルギー安全保障の確立と言い換えることもできると思います。それをどのように経済内部化させて誘導させていくか簡単な話ではありませんが、少なくとも、化石燃料利用を減らしていくという大きな流れを経済内部化させるようなインセンティブを実行していく必要があります。カーボンプライシングだけではなく、エナジーセキュリティープライシングという考え方が必要なのです。

本章でここまでに考えてきた解決策の多くに補助金などの予算が必要なものがありました。高い税率の炭素税を導入することで、そうした補助金に充てることが可能になります。税による化石燃料の利用を抑制しつつ、補助金によって化石燃料利用を減らす取組を促すことで、２重の効果が働きます。これを税金の「２重の配当」と言いますが、経済学的には効率的な税金の在り方とされています。税金は、経済効率性を下げると一般的に言われますが、税金の使途によって、将来の経済効率性を高める可能性があります。こうした税金の使い方をワイズスペンディングと言いますが、こうした発想も必要です。

第５章 まとめ

やれば、前編は実現する

本章では、カーボンニュートラル前編の実現に関し、具体的な課題に対する解決策を考えてきました。多くの課題はありますが、いずれも解決可能だと思われます。やれば、できます。

日本は、自由主義国家と言われています。基本的には、他人に迷惑をかけない限り、自由に何をやっても良いという社会です。それゆえ、問題が発生するまでは、人の自由を奪うような規制をしません。エネルギー政策も同様です。問題が発生してはその対策、問題発生してはその対策と、つぎはぎの制度になっており、ひずみが生じてきているようにも思えます。日本は、民主主義国家でもあります。国民が賛成すれば、人の自由を制限する規制もつくることは可能です。ただ、それを国民に提案できる政治家も、自由が制限された方が社会全体には良いこともあると考える国民も少ないのかもしれません。

それでも、カーボンニュートラルは法律に明記されました。こうした目標が法律になることは画期的だと思います。そして、実際に私たちの子や孫の世代のためになることです。あとは、やるだけです。

第6章

私たちの挑戦

経済合理的な範囲でCO_2排出量を半減する方法について認識できたところで、最後に必要なのは実行です。そこで、私たちがより幸せに暮らせる社会としてカーボンニュートラルを実現するために、私たちがしていく挑戦について考えていきたいと思います。この章で言う「私たち」は、大きく“生活者”としての私たち、“企業”としての私たち、“日本国”としての私たちについて、それぞれの立場でできることを書きます。そして、最後に、皆様の挑戦の参考になればと思い、“自然電力”としての私たちの挑戦についても書き記したいと思います。

■“生活者”としての私たち

生活者として、一番できることは、VRE発電に合わせて生活することです。まさに晴耕雨読のように気象に合わせて暮らすことです。これまでは、できることと言えば「省エネ」でしたが、すでに説明しているとおり、省エネという考え方は不要です。VREが余っているときには、電気代が無料になることも考えられますし、気にせず電気を使ってください。このようにVRE発電に合わせて、電力を需要することですが、忙しい生活の中で、天気によって仕事や家事を変えたり、それを考えたりするのも難しいと思います。そこで、それをナビゲートしてくれるサービスが欲しいところです。例えば、その人の行動予定とVRE発電量に応じて（実際には電力市場価格に応じて）、お風呂をシャワーで済ますのかお湯を貯めるのか、AIが提案してくれるようなサービスです。こうしたサービスはまだ見かけないですが、卸電力取引所の価格ボラティリティが大きくなれば、自然にサービスが登場してくるでしょう。

次にできることは、生活にVREを導入することです。基本的には、小規模でも経済合理性のある太陽光発電になります。郊外や田舎の戸建住宅であれば、太陽光発電に蓄電池を組み合わせることで、多くの日で太陽光発電による電力だけで暮らせるようになります。また、海外での蓄電池価格を前提に考えれば、電気を買うより、太陽光発電＋蓄電池の方がコストも安くなります。

戸建住宅を建てるのであれば、高断熱、太陽光発電、蓄電池は、ぜひ導入しましょう。高断熱は、Ｇ２レベルであれば、コストアップ分が光熱費削減で回収できます。太陽光発電もその費用は、電気代削減や売電収入で十分に回収できますし、何よりも日照さえあれば、系統が停電していても、電力が使えるようになります。蓄電池は、まだ価格が高いのは難点ですが、メーカー直販などで安い製品も見られるようになってきました。特に固定価格買取が終わった住宅では、安い単価で売電するよりも蓄電して、高い電気代を削減した方が経済的にもなりつつあります。補助金がある都道府県・市町村もあります。蓄電池を導入する場合は、ぜひ、系統需給バランスや卸電力取引価格に応じて、充放電を制御するようなシステムを導入してください。薪が手に入り、薪ボイラを置けるスペースがあれば、薪ボイラもぜひ導入してください。また、カーボンニュートラルを考えれば、今後建築される住宅でのガス利用は考えにくいです。どうしてもガスを利用したい場合は、ヒートポンプ給湯機とガス給湯器を両方導入してください。すでに述べたように冬季の電力不足は深刻になっていきますので、そうしたときにガス給湯で電力需要を抑えられることは重要です。こうした取組への政府からの支援があって然るべきだと思われますので、私たちとしても政策提言していきたいと思います。

もし、住宅で太陽光発電設備などが導入できなくても、暖房、給湯、厨房を基本的に電化させてください。建物では、一度導入した機器にロックインされてしまい、将来的に電化することが困難になります。今後、建てられる建築物は、2050年にも存在する建築物ですので、新築の段階で電化しておくことが必要です。

その次にできることとして、電力の購入でできることがあります。ただし、証書で再エネ100％であっても、ほとんどの場合、その電力購入が再エネ増加にはつながっていません。その電力購入によって、再エネが“追加的”に増やせる電力商品を購入してください。そのアクションによって再エネが実際に増える効果があることを「追加性」と言いますが、国内外の再エネ調達を推進する企業では、この追加性を重視している会社も増えています。電力の購入によって、再エネを増やす方法は、大きく２つあります。１つは、電気代の一部が新しい再エネ発電設備を増やすことに使われているという電力商品です。日本ではそうした商品は少ないですし、自然電力も十分にできているとは言い難いですが、欧州では、一定の割合でそうした追加性を求める生活者がいて、追加性のある電力商品が存在します。２つ目の方法が、先に述べたVREの発電量に合わせて生活できるよう、30分ごとのVRE電源比率を公表していたり、VRE電源比率に応じた料金になっていたりする電力商品です。基本的には、VRE電源比率と電力市場価格は相関性が高いので、市場価格に連動する料金小売電気事業者と電力の契約をしてください。

このように生活の中でできることはたくさんあります。そして、日本を子や孫の世代でもエネルギーが安定して使える国にしたいのであれば、そのような政策を実行できる政治家や政党に投票することもできることの１つです。また、生活のための仕事も、カーボンニュートラルに貢献できる仕事を選ぶということもできるかと思います。

▩“企業”としての私たち

カーボンニュートラル前編における企業としての立場は、大きく２つあると考えられます。“エネルギー需要家”という立場と社会のエネルギー構造を変えられる“事業者”という立場です。それぞれに企業として取り組んでいく方法を考える必要があります。前者では、エネルギーを利用する者として、エネルギー利用における脱炭素化（電化＋再エネ化）をいかに進めるかという方法です。後者は、自らの事業によって、社会の脱炭素化を進めていくという方法です。

企業の活動には、エネルギー利用が不可欠です。第3章で試算したとおり、オフィスや店舗などの業務で使うエネルギーは、灯油、重油、都市ガス、LPガスのすべてを電気に変えていくことが必要です。よって、今後新規で建物を建てる時には、電化を前提に考えた方が良いと言えます。もちろん、電化した場合に設備費が高くなってしまうので、そこへの政府からの補助が必要でしょう。やりたいけどできない場合は、その声を行政やエネ庁や環境省に上げていくことで、そのような補助金等の支援策も増えていくと思います。特に、設備の更新では、新規よりも工事費が高くなる可能性が高いのでハードルとなっています。現在は、工場や建物の省エネ化で補助金もありますが、一定の省エネ削減効果が求められます。しかし、エネルギー用途によっては、電化しても大きな省エネにならない場合もあります。とはいえ、今後の電力の排出係数が下がっていくことを考えれば、電化の意義は大きいです。電化における課題があれば、企業として挑戦しつつ、政府にも課題解決のための規制緩和や補助金を求めていくことも必要です。例えば、チェーンソーや刈払機の1日に利用できる時間は、1日2時間までという指針がありますが、電動化させるとエンジンに比べ振動が少ないので、その作業時間を緩和することが可能かもしれません。緩和されれば、電動機器の普及拡大が促進されます。

事業活動でのアクションですが、もちろん事業によって大きく異なり、本書では書ききれませんが、皆さんが考えられるようヒントを提示できればと思います。まず、第3章の試算にあるよう、家庭部門と業務部門は、すべて電化していくことになりますので、家庭や業務向けに灯油、都市ガス、LPガスを販売したり、その機器を製造、販売している企業には、大きな影響があります。まずは、灯油、都市ガス、LPガスの販売がゼロになった場合に、会社としてどのような価値を社会に提供できるのか、そこから考えてみることで、カーボンニュートラルの社会での新しいビジネスが見つかると思います。

運輸部門では、乗用車と近距離輸送がすべてEVになっていきます。

しかし、現状では、欲しいEVがないのでEV導入できない事業者と、EVが導入されないので開発もしないメーカーという形で、鶏と卵になっています。そこで、こういうEVが欲しいという要望をメーカーに伝えてみてはどうでしょうか。まずは、使う側がニーズを伝えていくことが重要です。例えば、私が欲しいと思っているのが、PC作業もしやすい動くオフィス的な営業車です。EVでエンジンをかけなくても十分な電力が使えるので、車内にプリンターなども積んで、ほぼオフィスみたいに使えたら最高です。あと作業するときに運転席のハンドルが邪魔なので、助手席に移動したりしますが、それも手間ですので、ハンドルが動いて、PC用のテーブルが出てきたら便利です。というか、ハンドルって目の前に丸い形で存在する必要があるのかも疑問になってきます。住宅等の施工業者であれば、電動工具のバッテリーを充電したりでき、EVを事業で使うことで、仕事もやりやすくなることが多くあると思われます。EVの場合、ホイール内にモーターを入れるなどで、ガソリン自動車よりも簡単に四輪駆動車にしやすいので、ぜひ四輪駆動の軽トラや箱バンを製造してほしいです。モーターによるタイヤ空転防止は、エンジンのそれよりも優れているので、悪路走行にも向いています。

事業者にとっては、脱炭素化を進めても収入にならないとだめですので、ビジネスチャンスを捉えて事業化する“タイミング”が重要です。早すぎても遅すぎても失敗してしまいます。そのタイミングを知るには、カーボンニュートラルへの長期的なロードマップを頭に入れ、現状はどこに位置するのか、社会が動くときには何がトリガーになるのか、それらを把握しておくことがポイントになります。ビジネスという意味では、予めトリガーを予見し、それが引かれることを想定した準備をしておいて、トリガーが引かれた瞬間にサービスを展開していくことが必要です。例えば、日本のEV市場では、軽EVの販売開始がトリガーになると思います。200万円を切る金額で、買い物や通勤には最適、ガソリンを入れるわずらわしさもなく、日常使いで選ぶ人が増えると思われます。そこで考えられるビジネスとしては、マンションへの充電設備設置サービス（できればサブスクで）、企業の通勤車用の充電設備の整備、再エネの電力供給や、電気代の安い時間帯での充電制御、太陽光パネル付きのカールーフキャリアの製造販売などなど、新しく考えられるビジネスはいくらでもあります。あとは、それをトリガーが引かれる前に準備しておくことです。そのために投資も必要ですので、カーボンニュートラルに役立つビジネス創出に対するベンチャーファンドがあっても面白いかもしれません。技術開発に関しては、中小企業向けの補助金や環境省の技術開発実証事業があります。

カーボンニュートラルへの移行は、ビジネスチャンスの宝庫です。カーボンニュートラルの世界をより具体的に想像（妄想）し、自社の強みをかけ合わせることで、企業にとって、カーボンニュートラルの社会におけるビジネスモデルが見えてくると思います。

■“日本国”としての私たち

自然電力は、クルーの３割くらいが日本人以外です。案件も世界中にありますし、お客様も取引先も世界のいろいろな国の会社です。そのため、ここで“日本国”としての私たちを語ることに、正直抵抗があるのですが、エネルギーは規制産業ですので、国の政策が最も重要なところです。そこで、カーボンニュートラル前編の実現のために、どのような政策が必要か、一国民として考えてみたいと思います。

第３章の試算では、日本でも、経済合理的にCO_2排出量の半減は可能であると示しました。このときの前提は、家庭と業務の電化率100％、運輸は旅客100％電化、運輸近距離のみ100％電化、産業は非素材製造業のみ８割電化（その他は現状のまま）、太陽光発電400GW、風力発電200GW、蓄電池500GWhの導入というものでした。これらの数値は、現状の数値をみれば（**図 6-1**）、気の遠くなる数値です。それだけの変化を政府が何もせずに市場任せにしても、ほとんど進まないか、外圧で進んで、社会に大きなひずみが生じ、社会の不安定化につながります。政府は、問題が起きてから対処する受け身の姿勢ではなく、能動的な姿勢で政策を進めていくことが必要です。

図6-1　現状とカーボンニュートラル前半のギャップ

項　目	現　状	カーボンニュートラル前編
家庭部門の電化率	50%	100%
業務部門の電化率	64%	100%
運輸部門旅客自動車の電化率	ほぼ 0%	100%
産業部門非素材製造業の電化率	59%	80%
太陽光発電設備導入量	57GW	420GW
風力発電設備導入量	4.4GW	200GW
蓄電池導入量	2GWh	500GWh

※現状は、2021 年 3 月時点。

必要な政策のほとんどは、第５章の課題ごとの解決策を考えたところで提案しています。やることは多いですが、2025年くらいまでには全体設計と詳細ルールの議論をしっかりした上で、すべてを実行していくくらいのスピード感が求められます。問題が起きてから政策を考えるよりも、制度整備にかかるコストに対する効果が大きいので、急ぐとはいえ、数年かけてしっかりと検討していくことが重要だと思います。また、制度を設計しながら、地域や企業の先行的な取組を支援し、その効果を検証することも必要です。

政府の役割として、社会の構造転換に伴い、事業や雇用の機会が奪われてしまう会社や人への手当があります。特に、電化によって仕事そのものがなくなってしまう都市ガス/LPガス販売事業者、ガソリンスタンドなどの石油販売事業者に対しては、政府支援でガス石油製品販売より儲かると思わせるくらいの思い切った支援策が必要だと思われます。今、カーボンプライシングの議論が進んでいますが、例えば、炭素税のようなCO_2排出や輸入燃料に対する税収を事業転換や設備の電化に充てるのはもちろんのこと、電化でビジネス転換を余儀なくされる事業者の転換を支援しても良いと考えられます。この税収と使途であれば、排出権購入のように海外に流れ出るものでもないですし、将来の化石燃料の輸入を減らしていくことですので、基本的には大きな税金でも問題ないと言えます。問題は、税額ではなく、使途です。

社会全体に対する経済インセンティブの方法として、産業部門を除いた形での最終消費ベースでの燃料購入に対するCO_2排出量とエネルギー安全保障を加味した税金が良いのではないかと考えられます。産業を外しているのは、産業部門が製造している製品が国内だけでなく、世界市場に向けたものであるからです。炭素税導入が進んでいる欧州でも、産業に関しては免除や減免されているケースがほとんどです。炭素税導入に産業界が反対するのであれば、最初から外して議論してあげればよいと思っています。ただ、国際ルール上は、産業であっても、その排出源がある国に排出量がカウントされてしまう問題があります。これは、むしろ国際ルールを変えるべきだと思われます。国際船舶と国際航路は、すでに国境を越えた取組でのCO_2排出量管理となっています。そして、それぞれの国際団体がCO_2削減の取組を推進しています。産業も、例えば鉄鋼、非鉄金属、パルプなど業界ごとに世界全体での削減の計画を立てて、その実行を国際機関と確認していく方法もあると思います。誤解を恐れず言えば、そうならないのは、欧州が域内から製造業が出ていったので、結果的にCO_2削減効果が働いたことを欧州の有利な形になるようにしたいだけとも考えられます。日本が、世界の素材生産をリードしているのであれば、それくらいの提案をしても良いと思います。

政府が行う政策で、効果的なことの１つが数値目標です。実現可能かつ野心的な目標は、社会の変化を促進させます。再エネ政策では、欧州が先を行っているとよく聞きますが、その一番の違いは、数値目標にあると思われます。欧州では、社会全体での最適な電源構成を考え、それに向けた誘導を経済的手法の政策で行っています。一方で、日本では、経済合理性の結果として得られる電源構成が最適だという考え方になっています。しかし、少なくともカーボンニュートラル前編においては、エネルギー構成の最適解は、それほど幅があるものではありません。神の見えざる手ではなく、賢明な人間の手でも十分に最適解が得られると思われます。そもそも、エネルギー安全保障を経済内部化させる仕組みがない状況では、いくら企業が経済合理的な行動をしても、３Ｅを実現する結果は生み出しません。もしかしたら、カーボンニュートラル前編の分については、エネルギー構造や電源構成など、最初からゴールを決めて、それを最も経済効率的に実現させるような経済手法を導入した方が良いのかもしれません。

なお、これまで日本が数値目標を持っていないと話すと、2030年度の電源構成比として数値目標を持っているのではないかという指摘をいただくことがあります。実は、この電源構成比は、現状から積み上げた想定値であり、決して目標値ではありませんでした。基本的に、日本のエネルギー政策は、現状からの積み上げでしかなく、挑戦的な要素はあまりありませんでした（高度経済成長期には挑戦的なこともあったと思いますが）。そうした点で、総理のカーボンニュートラル宣言は、今までのエネルギー政策にはないものでした。過去の延長ではなく、背伸びしたところに挑戦する、それによって日本経済を成長させるという発想です。そして、2021年夏に発表された第６次エネルギー基本計画は、その宣言に基づいた内容となっており、これは目標と言ってもよいものになりました。

ただし、目標は、電源構成比ではなく、電源規模で持った方が良いと考えられます。電源構成比では、合計100％にしなければいけませんが、VREは年によって、発電量が±10％以上も変動するものですので、不可抗力による誤差が大きく出てしまいます。また、カーボンニュートラルを目指す上では、実現可能性が100％ではないことも盛り込んだ野心的な目標が必要である一方で、エネルギー政策としては、国民生活を守る保守的な目標も必要です。電源構成比で表現すると野心的目標と保守的な目標が相容れません。一方、電源規模であれば、気象には左右されませんし、VRE大量導入とバックアップとしての火力発電所の確保の両方を表現することが可能です。そして、より具体的な目標ですので、実行性もより高くなると考えられます。

電源ごとの導入量など具体的な数値目標があることには、多くのメリットがあります。数値目標があれば、社会転換の方向性が明確に分かり、企業が投資するときにも、個人が就職先を決めるときにも、選択がしやすくなります。すでに述べたとおり、洋上風力では官民で数値目標が掲げられ、国内事業者の開発が加速し、日本市場に進出する海外事業者も増えました。また、VREや蓄電池などの導入目標があることで、出力制御量も見込めるようになり、VREの発電プロジェクトに投資しやすくなります。また、数値目標があることで、電力系統整備の長期計画にも再エネを加味できます。数値目標は、民間企業も新しいことに挑戦しやすくなり、人材も育つのです。そして、そうした目標があった方が社会全体にも活気が出ると思います。ただボールを蹴るよりも、向こうのゴールに入れるという目標があった方が楽しいのと同じです。

日本太陽光発電協会（JPEA）の2050年の導入目標量は太陽光420GWです。日本風力発電協会（JWPA）の2050年の導入目標は130GW（洋上90GW＋陸上40GW）です。これらは、それぞれ日本の電力の約３割を供給できる水準です。ポテンシャルとしては十分に達成可能な規模でありますが、これだけの導入量となると課題も少なくありません。ただ、こうした具体的な数値目標があることで、将来に亘る課題も明らかにでき、系統整備などもバックキャストで効率的な整備計画が立てられるというものです。カーボンニュートラルに向けて、政府が高い導入目標を立てることに期待したいです。

▩“自然電力”としての私たち

最後に、自然電力の挑戦について書いていきます。皆様の挑戦の参考になればと思いますし、できれば、共に行動できると嬉しいです。

私たちは、自然エネルギー100％の世界を実現するために３つのことが必要だと考え、事業計画も考えています。それは、①再エネを安くする、②再エネを広げる、③需給を調整する、の３つです。

「① 再エネを安くする」については、私たちは、建設や保守管理もグループ会社で行うことで、再エネ発電事業の全体を通じてコスト最小化を図っています。特に、大規模案件の建設では、日本でも有数のコスト競争力があると思います。それは、建設を担うjuwi自然電力が太陽光発電所の建設しかしていないという点があります。大手電気工事会社や大手建設会社は、他の工事もあるので、太陽光発電の売電単価が下がり、工事コストも圧縮されてしまい、安い利幅になってしまうような太陽光発電所の建設は受注できないですが、juwi自然電力は、太陽光発電所しかしていないので、どこよりもコスト削減をする動機があるのです。また、ドイツの会社との合弁会社ですので、再エネの先輩であるドイツからのノウハウも最大限に生かしながら、コスト削減を図っています。保守管理や他の業務でもコスト削減を継続的に行っていますし、小水力発電では、オーストリアのgugler社の水車を日本で販売することでコスト削減に貢献しています。日本の再エネコストは、まだまだ限界点にあるとは言えないので、引き続き、コスト最小化を進めていきます。

「② 再エネを広げる」ですが、正直に言って、十分にできていなかったと反省しています。私たちは（他の事業者もそうですが）、2012〜2014年のFIT単価が32〜40円/kWhというときに大量の案件をつくりました。そのなかには、許認可取得や地域合意形成などの開発にどうしても時間がかかってしまった案件を完成させることを優先してしまい、新規開発が進みませんでした。全くやっていなかったわけではありませんが、太陽光発電に適した大規模な土地がほとんど開発され尽くしたこと、系統制約によって新規案件が難しい地域が増えたこと、地域合意形成が難しくなっていることもあり、当初よりも新規案件を組成する難易度が上がっているのも事実です。

こうした点を解決するための１つの方法として、地域主体での発電事業を全国に広げていきたいと考えています。これまでは、自分たちで発電事業を行ってきましたが、これからは地域を中心に考え、地域の方が発電事業をやりたければ地域の方にやってもらい、自然電力はそのお手伝いだけをする、地域の方でできなければ、私たちが発電事業を行うという形で、地域が発電事業を実現しやすいための選択肢を提供していきたいと考えています。洋上風力に関しては、事業規模が大きすぎて、地域が発電事業主になることは難しいですが、地域にメリットがある形での事業を目指し、太陽光発電所の開発で得たノウハウを生かして、全国で検討を進めていきます。いずれの海域でも競合が多いですが、自然電力が培ってきた地域を重視した進め方で貢献できればと考えています。

「③ 需給を調整する」ですが、2019年度よりVPP実証に参加し、VREの発電量に合わせて電力を需要で切る仕組みを提供したいと考え、システム開発を進めているところです。また、2017年11月より小売電気事業も行っていますが、弊社が小売をやっている理由は、将来の需給を調整するためには、需要側へのアプローチが不可欠だと考えたからです。また、住宅向けの電力小売りでは、日本で初めて、市場価格連動の電力料金を導入しましたが、これもVREを普及拡大するため、需給バランスに応じて電力を消費してほしいという考えがあります。2021年１月の卸電力価格高騰で、市場価格連動料金の難しさを痛感しましたが、電力価格に応じて、需要量を変える術が限られる中、この料金制度は、早すぎたかもしれません。需要家のお客様に価格リスクを負っていただくのであれば、そのリスクを軽減できる方法がないといけません。ヒートポンプ給湯機はすでに安いですし、蓄電池も安くなってきていますので、それらを使って、VRE発電に合わせて暮らせるソリューションを提供できるようにしていきたいです。蓄電池では長周期調整力にはなりませんので、ヒートポンプ給湯機と木質バイオマスの熱利用を組み合わせるなど、特に厳寒期に対するソリューションも必要です。

小規模分散電源によるエネルギーインフラである「エネルギーインターネット」という概念を紹介していますが、自然電力は、どちらかと言えば、大規模な電源をつくっていくよりも、小規模な電源をつくっていく方が得意です。というか、大規模電源は、やはり、旧一般電気事業者の方がノウハウも需要規模もあり、彼らでないとできないです。よって、私たちの役割として、これから増えていく小規模分散型のシステムのところで、貢献できるのではないかと考えています。弊社では、できるだけ系統に依存しないエネルギー利用の在り方を「ミニマムグリッド」と呼んで事業を行っています。具体的には、太陽光と蓄電池を組み合わせたシステム（PV + Storageで「PVS」と呼んでいます）を需要家のお客様に提案しています。需要家のお客様にとって、エネルギーのことは技術や制度が複雑で難しいものですので、小規模分散型システムのプロフェッショナルとして、最適なシステムをご提案できるようになりたいと考えています。発電や蓄電池のシステムだけではなく、建物の断熱や空調・照明などの省エネなども必要ですが、自然電力の持っていないところは他社とパートナーシップを組んで、取り組んでいきたいと思います。

私たち自然電力は、FIT制度初期の高い買取単価によって、会社の規模を大きくできたと言っても過言ではありません。その恩恵を社会に還元する必要があると考えています。日本で再エネを主力電源とするため、カーボンニュートラル前編を実現するための挑戦でお返ししていきたいです。

第6章 まとめ

変化はチャンス

4つの「私たち」それぞれの立場で、カーボンニュートラル前編の実現のために必要な挑戦について考えましたが、共通して言えることは、変化はチャンスであり、それを前向きにとらえて、挑戦を楽しんでいくことがコツではないかということです。第1章でも書いたとおり、カーボンニュートラルは、地球温暖化対策というよりも、技術の発展によってもたらされた社会構造の転換です。人は、変化に対して、それを恐れて身構えて、反対してしまうものです。これまで、石油をじゃんじゃん使い、それが豊かだと認識してきた私たちにとって、「自然エネルギーで生きろ」と言われるのは、それが快適な暮らしに思えず、抵抗してしまうものです。でも、第3章と第4章でイメージしてきたように、少なくとも、脱炭素の半分「カーボンニュートラル前編」では、化石燃料の利用を減らしながら、快適かつ経済的に実現できるのです。むしろ、それは経済合理性を持って、進んでしまうものなので、そこで抵抗しても苦労が多いばかりです。それよりも変化に乗ってしまった方が、楽に生きられます。そして、人生をよりエキサイティングに楽しみたいのであれば、変化の先頭を行く方が面白いものだと思います。

少なくとも私たち自然電力は、自分の子どもや、自分の子どもだけでなく、地球上のすべての子どもや孫の世代にも亘って、幸せに暮らせる社会を残したいと思いますし、そのために、持続可能なエネルギーインフラの一部として、自然エネルギーをより多く使う社会の実現に貢献したいと考えています。これからも、自然エネルギー100%の世界を目指して、挑戦し続けていきます。

第7章

カーボンニュートラル後編（予告編）

カーボンニュートラルの実現には、前編によるCO_2排出量50％削減とは別に、さらに50％の削減が必要です。本章では、カーボンニュートラル後編について、少し書きたいと思います。前編では、電化と再エネと蓄電池で、経済合理的に、CO_2排出量の半減は削減可能であることを説明しました。CO_2を100％削減するには、水素利用、アンモニア利用、炭素回収利用貯蔵（CCUS）、大気直接炭素回収、バイオマス炭素回収、SMR（小型炉）や高温ガス炉などの原子力技術といった技術革新が必要だと言われています。こうした技術もありますが、本書では、エネルギー安全保障のために、エネルギー自給率100％を目指し、太陽光電力/風力電力を中心とした再エネだけでカーボンニュートラルする仮定で、後編について考えてみたいと思います。それは、世界の化石燃料資源を持たない多くの国にとっても理想形です。もちろん、十分に実現可能性が高いとは言えませんが、まずは、世界の理想形から考えることで、日本が世界で影響力を得られるようになると思いますので、敢えて、再エネ100％シナリオを考えていきます。

■前編でカーボンニュートラルにできなかったこと

カーボンニュートラル前編でカーボンニュートラルにできなかった主な点は、産業部門の素材製造業や農林水産業、運輸部門の貨物輸送、電力のうちの残り４分の１です。この３点をどのようにカーボンニュートラルにしていくのか、それぞれ考えていきたいと思います。

▩ 産業部門の素材製造業と農林水産業

産業部門の素材産業ですが、CO_2排出量の大きな業種は、製鉄、化学、製紙、セメントになります。これらの産業界（業界団体や個社）は、日本政府のカーボンニュートラル宣言を受けて、カーボンニュートラルに向けた取組を発表しています。ここで詳しくは紹介しませんが、カーボンニュートラルを達成する方法としては、再エネ電力から製造した水素の利用になります。製鉄であれば水素還元、高温の熱利用であれば、水素バーナー等で化石燃料の代替が可能です。よって、産業部門の後編対策は、水素利用という方向性かと考えられます。

産業部門では、農林水産業や建設業の重機や漁船で消費される石油製品も、前半ではカーボンニュートラルにできていませんでした。農業機械、林業機械、建設機械、船舶（運輸部門の船舶を含む）は、強い動力が必要な一方で、ほとんどのケースで電力系統との接続もできず、高いエネルギー密度のエネルギー媒体が必要となります。もちろん、１回の稼働時間が短かったり、動力負荷が小さかったりなどの用途では、リチウムイオン電池で可能なこともあると思われますが、どうしても、それができないケースも考えられます。例えば、山中で動く林業機械は、蓄電池を運ぶことも非効率的です。エネルギー密度の高いエネルギー媒体の選択肢として、水素と合成燃料が考えられます。リチウムイオン電池のエネルギー密度が約0.2kWh/kgに対して、水素のエネルギー密度は、33kWh/kgです。水素を入れる圧縮タンクの重量燃料電池のエネルギー効率（約45%）を考えても、圧縮タンクや燃料電池や駆動用バッテリーなどの重量を考えても、水素の方が軽いのです。

次に合成燃料を考えてみます。もし、再エネから軽油のような液体燃料が製造できれば、現在の設備やインフラをほぼそのまま利用でき、スムーズなエネルギー転換が可能になります。ただし、電力から水素を製造し、さらに合成燃料を製造するため、どうしても合成燃料価格は、水素より高くなってしまいます。水素から合成燃料を製造するコストをどこまで下げられるかが技術開発のポイントとなります。また、合成燃料を内燃機関で使う場合に、そのエネルギー効率の低さも問題となります。EVのところで説明したとおり、内燃機関のエネルギー効率は、最新の技術で最大でも50%ですが、実際には低回転域でのトルクが弱いことや、変速機やアイドリング等によるロスで、実際の効率は20%程度と言われています。

このように考えると、重機等のカーボンニュートラルは、水素が基本になるかと考えられます。ただし、水素調達が難しい場所や水素タンク搭載が難しい移動体については、合成燃料が使われると思われます。合成燃料は、製造コストも高く、流通量が少ないため、とても単価の高いものになりますが、それでも利用するところでは利用されるのではないかと思います。

■運輸部門の貨物輸送

運輸部門の貨物輸送のネックは、主に長距離トラックになります。郵便や宅配便の宅配は、EVでも可能ですが、長距離トラックをEVにすると、バッテリーが大きくなりすぎてしまいます。選択肢として考えられることは、バッテリーEVを工夫して利用するか、水素を燃料として利用するか、合成燃料を利用するかという主に3つになります。この3つの選択肢は、供給される電力から駆動までのエネルギー変換効率を高い順に並べると、電化⇒水素⇒合成燃料という順になります。よって、基本的には、この順を優先順位にして長距離輸送の脱炭素化を目指していくと合理的です。

まずは、バッテリーEVを工夫して利用する方法を考えます。長距離トラックでのバッテリーEVの問題点は、バッテリー重量が重くなりすぎて、荷物が運べる量が減ることです。乗用車EVでも同じですが、EVの車体重量の多くをバッテリーが占めています。車体重量が上がれば、道路への負担も大きいですし、事故を起こしたときの相手側に与える被害も大きくなります。現在の乗用車EVは、バッテリーをたくさん積むことで、走行距離の問題を解決していますが、それは良い解決策とはいえません。バッテリーは少ない方がいいのです。長距離トラックEVのバッテリーの量を減らす工夫の1つ目として、途中で急速充電を何回か行うことが考えられます。トラックの運転手は、厚生労働省の基準で4時間に30分の休みを取ることになっています。そこで、2時間に15分ずつの休憩を取ってもらい、その15分でフル充電できるように、急速充電設備を整備すれば良いということになります。この場合、高速道路上に多くの充電スペースを整備する必要があります。

次に、バッテリー交換式が考えられます。バッテリー交換式のトラックは、中国のEVトラックメーカーが実用化させています。トラック運転席の後ろに蓄電池設置スペースがあり、クレーンで約280kWhの蓄電池を交換する仕組みになっています。5分程度で交換可能です。バッテリー交換所には、バッテリーを充電するスペースも必要ですが、停車時間が短いので、急速充電よりも狭いスペースで済むと思われます。日本では、トラックでの交換式バッテリーは、JFEエンジニアリングが川崎市と実証で、ごみ収集車に採用している程度で、ラスト1マイル向けです。一方で、二輪車では、日本の二輪車メーカー4社によって「電動二輪車用交換式バッテリーコンソーシアム」が立ち上げられ、交換式バッテリーの共通規格化が合意され、1kWhの汎用的なバッテリーパックも発表されました。長距離トラックや普通乗用車の規模でも、こうした共通規格を作って、交換式を一般的にする方法も考えられます。話は脱線しますが、交換式バッテリーは、モビリティだけでなく、他の用途でも利用できるようになることがあります。例えば、電動二輪車用のバッテリーを使って、キャンプのときの電源に使えたり、耕うん機などのちょっとした機械も電動化させたり、可搬式のポンプもガソリンから電動に変えられます。普通乗用車の規模なら、イベントや工事現場などの一時的な電力ニーズで使えそうです。また、長い距離の配電線の先にある数少ない需要家に対して、その配電線を廃止して、太陽光発電と蓄電池で電気を供給する方が、配電線の維持費よりも安くできる可能性もあり、そこでも使えそうです。このように、モビリティの交換式バッテリー方式は、モビリティに限らず、社会を電化させられる可能性がありますので、そこまで視野を広げて、社会として採用するか検討すべきと考えられます。
交換式バッテリーには、他にも利点があります。それは、充電時間を需給バランスに応じて行うことができ、VREに調和的である点です。外したバッテリーは、充電器にセットされますが、この充電の時間をVREの発電量に合わせて行うことで、できるだけVREの電力を充電することが可能になります。長距離輸送の脱炭素化では、このように運輸のことだけでなく、電力系統のことも合せて考えていくことが必要です。カーボンニュートラルと経済効率性の両立を実現するためには、1つのセクターだけではなく、セクターを超えて、社会全体での最適性を考えていくことがポイントです。
話を長距離トラックの脱炭素化に戻します。長距離トラックEVの走行距離対策の3つ目のアイデアは、走りながら給電できるようにすることです。道路に非接触の給電機を埋め込むことも考えられますが、コスト的には、ドイツで実証されている方法で、高速道路に架線を張って、電車のように、そこからトラックに電力を供給しながら走行する方法が経済性が高いと考えられます。こうすることで、高速道路を降りてから目的地までだけで蓄電池が必要となり、蓄電池を小さくできます。日本では、トラックではないですが、JR東日本やJR九州で、車両に大きな蓄電池を搭載し、駅や一部の起動に設置された架線から充電して走行する電車が実用化しています。これを長距離トラック×高速道路に応用することは可能だと考えられます。

長距離トラックをカーボンニュートラルにする2番目の方法の水素ですが、バッテリーに比べてエネルギー密度が高く、1充填での航続距離も問題ありません。具体的な方法としては、タンクに圧縮して積む方式が一般的で、すでに市販されている燃料電池車でも採用されています。そして、水素は、燃料電池で電気にしてモーターを駆動させるか、内燃機関で発電してモーターを駆動させる方法が考えられます。第2章の「移動の電化」で書いたように、内燃機関で直接タイヤを回すことはエネルギー効率が悪いので、内燃機関を使ったとしても基本的にはシリーズハイブリッドが良いと考えらます。長距離トラックを水素で走らせるには、長距離トラックのターミナルに水素充填ステーションが必要です。その水素を遠くから運ぼうとすれば、コストがかかってしまいますので、基本的には、水素は、充填ステーションで製造して、貯蔵して、トラックに充填する方法が経済合理的と考えられます。VRE電力が多い時間帯に水素製造を行うことで、電力需給バランスの改善にもなります。

そして3番目の選択肢が合成燃料です。合成燃料は、エネルギー密度と貯蔵コストの安さに優れています。貯蔵コストは、1kWhを1年間貯蔵した場合で数円程度です。さらに、現在のインフラをそのまま利用できる点もメリットです。ただし、電力を合成燃料に転換する効率が低く、大量の電力が必要となるため、その分、VRE発電設備も多く必要になってしまいます。そして、転換にかかるコストも大きいので、燃料自体のコストは高くなってしまいます。よって、燃料は高くても良いが、長期貯蔵はしたいというケースでの利用に限定されると考えられます。合成燃料が、長距離トラックで使われる燃料になるためには、大幅な製造コストの削減が必要です。

長距離トラックに対するカーボンニュートラルの方法をまとめると、エネルギー効率が高く、VREに調和的で、比較的インフラ投資も小さいバッテリー交換式の優先順位が1位になります。2位が架線給電方式、3位が急速充電方式、4位が水素充填方式、5位が合成燃料といったところでしょうか。優先順位1位のバッテリー交換式ですが、日本では、トラックのみならず、乗用車以上の規模でもその開発がほとんど見られないのが実態です。もちろん、リチウム資源の問題やバッテリー交換所の整備が必要などと課題はありますが、最もエネルギー効率が高く、VREにも調和的な方法として開発していくべきと思われます。

■電力の残り4分の1の脱炭素化

カーボンニュートラル前編でできなかった3つ目のことが、電力のうちの4分の1のカーボンニュートラルです。第3章の試算では、それ以上に再エネ率を上げようとすると、太陽光/風力/蓄電池の導入量に対する再エネ率の上昇が低く、総発電コストが上昇し、現状2割増しよりも増えてしまうという結論でした。この原因は、太陽光/風力で発電される時間と需要の時間がずれており、その調整をリチウムイオン電池500GWhでやっても、十分にはできないということです。もっとリチウムイオン電池を増やせば再エネ率は上がりますが、コストも上がってしまいます。そこで、長期間のエネルギー貯蔵を安くするための技術革新を起こす必要があります。特に、再エネ100％を実現しようとすれば、季節を跨いでのエネルギー貯蔵（季節調整力）が必要となります。季節調整力は、年に数回のエネルギーの出し入れのために貯蔵設備を使うことにもなるため、貯蔵コストが圧倒的に安いことが重要になります。

例えば、現時点で実用化されているリチウムイオン電池で、季節貯蔵させた場合のコストを考えてみたいと思います。季節調整力コストの計算方法ですが、季節貯蔵は、年に数回しかエネルギーの出し入れを行わない可能性もありますので、ここでは、年に1回だけしか出し入れしない前提での年間にかかるコストを計算したいと思います。具体的には、電力1kWhを年に1回のサイクルで貯蔵することを1単位として計算したいと思います。リチウムイオン電池の場合は、バッテリーユニットのkWh単価2万円で、15年稼働を想定し、1年に1回の充放電で、充放電効率90％と仮定すると、季節調整力コストは、約1,500円/kWh・年となります。参考までに、石炭火力発電所で考えた場合ですが、ある発電所が年に1日発生する需給ひっ迫日に14時間だけ稼働したと仮定し、固定費が3万円/kWh・年、燃料費が6円/kWhとすると、季節調整力コストは、約2,100円/kWh・年となります。将来的に実現したい貯蔵コストは、それらのせめて数百円/kWh・年くらいにはしたいところです。

考えられる季節調整力のエネルギー貯蔵方法として、リチウムイオン電池などの電池コストを大幅に下げる他に、水素、アンモニア、レドックスフロー電池（RFB）、合成燃料なども考えられます。水素、アンモニア、合成燃料は、燃料という形でのエネルギー貯蔵となりますが、これらは、貯蔵コストだけで見ると、常温常圧で貯蔵可能な液体の合成燃料が圧倒的に安く、その次に20℃でも8.5気圧まで加圧すれば液化するアンモニアが安いです。ただし、製造コストは、合成燃料、アンモニア、水素の順に高く、製造コストと貯蔵コストのバランスが重要となります。また、それらの燃料は、製造業や重機等でも使われる可能性がありますので、それらとの兼ね合いも考える必要があります。つまり、電力だけでなく、社会全体でのエネルギー転換を踏まえて、全体最適なシステムを考えていく必要があります。

■ 国産再エネ100％のシナリオ

前編でできなかったこと３つを考えてみると、方向性として定まらない点、つまり、再エネ100％でカーボンニュートラルを実現させる場合のシナリオの大きな分岐点は、①重機等の燃料は何か？②季節調整力は何か？の２点と整理できそうです。そして、この２つの問題を同じ方法で解決することで社会コストを最小化させられる可能性があります。例えば、水素や合成燃料を重機等の燃料としつつ、季節貯蔵でも使うということです。このような観点で、再エネ100％でのカーボンニュートラルのシナリオを想像してみたいと思います。

再エネ100％を実現するシナリオは、大きく３つ考えられます。１つ目のシナリオＡは、鉄系レドックスフロー電池（Fe-RFB）の性能が上がるなど、蓄電池によるエネルギー貯蔵コストが大幅に安くなった場合です。この場合は、蓄電池が季節貯蔵を行い、素材製造の向上や重機等の需要地で水素製造するような形になります。２つ目のシナリオＢは、水素貯蔵技術が進み、水素が最も安い季節貯蔵方法となった場合です。この場合は、製造業や重機等の需要地で水素製造して、そこで水素貯蔵し、電力不足時は、そこで発電する形になります。そして、３つ目のシナリオＣは、合成燃料の製造コストが大幅に安くなった場合です。この場合は、VRE余剰電力で合成燃料を製造し、それで季節貯蔵と重機等の燃料を賄うという形になります。

■シナリオAの社会

まずは、シナリオＡについてですが、ここでのポイントは、蓄電池のコストが劇的に安くなる必要があります。リチウムイオン電池やナトリウムイオン電池も考えられますが、構造的にエネルギー貯蔵が電極と１対１の関係にあり、貯蔵コストを下げるには限界があります。季節貯蔵技術では、少なくても現在のリチウムイオン電池の10分の１以下にはしたいところです。そこで考えられるのが、レドックスフロー電池などの貯蔵と電極が分離したフロー型電池です。レドックスフロー電池は、電力をイオンとしてエネルギー変換をする部分とそのイオンを貯める電解液のタンク部分に分けることができ、貯蔵コストは基本的に、その電解液とタンクのコストだけで済ますことができます。すでに実用化されているレドックスフロー電池は、バナジウムを使っていますが、バナジウム自体が高価なため、季節貯蔵として見合うだけのコストにするのは難しいです。そこで、安価な物質を利用したレドックスフロー電池が注目されており、世界で多くの研究者やベンチャー企業が開発を進めています。例えば鉄系レドックスフロー電池の場合、鉄の価格は、バナジウムやリチウムの1000分の１くらいで、その資源量も十分にあります。現時点では、サイクル数が限られるなど性能が十分ではありませんので、性能を上げられるかが実用化の鍵となります。

仮にフロー型電池の貯蔵コストが数円～数十円/kWhとなれば、フロー型電池が季節貯蔵として使えるようになります。具体的には、VREが余剰となる時期に充電して、VREが発電していない時期に放電すれば、安いコストで１年を通して電力供給が可能となります。充放電の出力と蓄電容量を任意で組み合わせられ、電力システムとして必要なkWもkWhもちょうど良い割合で構成可能であり、火力発電所が不要となります。人類は鉄で道具をつくるようになり、人類の文明が発展しましたし、鉄が現在の社会インフラを支えています。リチウムイオン電池も電極がコバルト系から鉄系に変わったことで、低価格と安全性が向上しています。こう考えると、今回の大きなエネルギー転換も鉄が鍵になるのかもしれません。

▩ シナリオBの社会

次にシナリオBですが、シナリオBが実現するかは水素貯蔵コストが下がるかどうかということになります。水素の場合、水素貯蔵が安くなったとしても、水素製造コスト、水素発電コストもクリアすべき課題となります。

季節貯蔵のポイントとなる水素貯蔵コストについてですが、水素の貯蔵方法には、圧縮、低温で液化、金属などに吸蔵・吸着、他の物質に変換という方法があります。いずれの方法も現時点では、そのコストが高く、季節貯蔵として使えるには、技術革新が必要ですが、ここでは、それら4つの貯蔵方法の概要だけお伝えします。

高圧で圧縮する方法は、現時点では一般的に使われている方法です。水素分子は、とても小さく、金属中に入り込み、金属をもろくする性質があるため、高圧水素用のタンクには普通の鋼鉄を使うことができません。水素で脆くならない特殊ステンレス鋼やアルミニウム合金、高分子複合材料を使う必要があります。現在、自動車用のタンクとして350気圧級水素タンクを使い、水素ステーションでは400気圧で水素ガスを供給するという形になっていますが、700気圧タンクと1000気圧供給のステーションという開発も進められています。

低温で液化する方法は、水素を-253℃まで冷却し、魔法瓶のような真空を挟んだ二重構造の容器に入れて保管します。真空によって、外部との熱伝達を遮断し、液化水素の温度が上がらないようにしていますが、完全な真空ではないですし、内側の容器を指示する部分での熱伝導や振動による熱発生もあるため、一定量の水素は温度上昇で気化していってしまいます。いかに気化を減らすか、気化した水素ガスをいかに安全に取り除くかなど研究開発が進められています。

金属に水素を吸蔵・吸着させる方法は、水素が金属に入り込む現象を利用して、水素を金属中に保存するものです。こうした金属は水素吸蔵合金と呼ばれています。水素吸蔵合金は、すでにニッケル水素電池の陰極素材として実用化されています。現在は、大規模に貯蔵できるような施設の開発が進められています。

水素を別の物質に変換する方法には、主に、トルエンと反応させてメチルシクロヘキサンに変換する場合と窒素と反応させてアンモニアに変換する場合の２つがあります。トルエンやメチルシクロヘキサンは常温常圧で液体ですし、アンモニアも20℃8.5気圧で液化するため、液体として簡単に取り扱えるのがメリットで、貯蔵コストが安くなります。ただし、変換時にはそのための設備やエネルギーも必要になり、転換コストがかかってしまいます。よって、少量を長期貯蔵することで、他の貯蔵方法に比べて、経済的に有利になります。

しかしながら、現状は、圧縮タンクの場合で1,500円/kWh・年くらいになる水素貯蔵コストを数百円/kWh・年にすることは簡単ではありません。

水素製造については、現在の技術でもプラント規模が大きくなれば、水素１N㎥当たり30円で製造が可能（もちろん、高稼働率の前提と推測されますが）になると言われています。この水準であれば、自動車燃料としての経済性が成り立つと言われています。もちろん、水素タンクなどでトラック本体費用が高くなると考えられますので、それも考慮する必要はありますが、水素を燃料とすることは、経済合理的な選択肢になる可能性はあると思われます。同様に、建設機械、農業機械、漁船、船舶（産業部門の建設業、農林水産業、運輸部門の内航海運）も前編ではカーボンニュートラルが難しいところとしていましたが、トラックと同じように水素が解決策になる可能性があります。

■ シナリオＣの社会

シナリオＣで必要な技術革新は、合成燃料の製造コストになります。合成燃料は、二酸化炭素（CO_2）と水素（H_2）から液体燃料を製造することです。製造技術自体は、第二次世界大戦前に石油資源のなかったドイツで開発されたもので、とくに新しい技術でもありません。そのドイツの科学者である、フランツ・フィッシャーとハンス・トロプシュによって1920年代に開発されたのが起源で、多くの科学者が改良を重ね、「フィッシャー・トロプシュ法(FT法)」と呼ばれる確立した技術になっています。ただし、第二次世界大戦後に、世界各地で石油が採掘されるようになり、それを先進国が使えるようになったため、燃料合成技術は、大きな発展はありませんでした。

最近になり、脱炭素の要求から、再エネで製造した水素と石炭火力発電等から回収するCO_2を用いて製造する技術の注目が集まっています。また、利用するCO_2もバイオマス発電や大気中から直接回収したCO_2を使うことで、完全なカーボンニュートラル化も可能になります。また、科学の発展もあり、より効率的に触媒を探すことができるようになっています。よって、製造コストの大幅な削減も可能性としてはありえる状況です。ただし、製造コストが下がったとしても、エネルギー転換効率が大きく下がってしまうことには変わりはないため、合成燃料に依存したら、大量のVRE発電設備が必要となってしまい、経済効率性が低下してしまいます。よって、合成燃料の用途は限定した方が良いと考えられます。航空機燃料やインフラがない極地でのエネルギー利用など、他の選択肢よりもコストが高い液体燃料でも経済合理的なところだけで最後まで存在すると思われます。

■ 3つのシナリオの組み合わせ

これらの3つのシナリオのどれが実現するのかは、それぞれのレドックスフロー電池のコスト、水素の貯蔵コスト、合成燃料の製造コストがどれだけ下げられるか次第ということになります。ただし、それらコストのいずれかが、他のシナリオを排除するほど大幅に安くなる可能性は小さいと考えています。つまり、現実的には、それらの技術開発が進み、コストが下がるものの、3つのシナリオが混ざった状態になると想像しています。具体的には、フロー型電池の性能が良くなり、コストもある程度安くなることで、数日～1か月程度の調整力として利用され、水素の貯蔵コストもある程度安くなり、重機等で利用されつつ、需給ひっ迫時の調整力として利用され、合成燃料が航空機等の限られた用途で利用されるという状況です。電力の電源を1つに集約させるよりも、ベストミックスという形になるように、最終消費エネルギーについても、適材適所のベストミックスの形になっていくと考えられます。

また、将来シナリオを1つに絞ってしまうと、資源制約等でリスクになる可能性があるため、安全保障を鑑みても、何か1つの技術に依存するシナリオは選択すべきではありません。こうした点も考慮しながら、革新技術開発への投資の重みづけをしていく必要があります。

■再エネ以外の選択肢も

ここまでで、日本が国内の再エネで100％自給するという理想の前提で考えてきましたが、日本のVREに対する気象条件は、世界の他の地域に比べて低い方であるため、エネルギーシステムの経済効率性も、世界の他の地域に比べて低いものなってしまう可能性は高いと言わざるを得ません。また、蓄電池/水素/合成燃料のコスト削減ができなかった場合のために、他の選択肢も考えておく必要があります。もし、その選択肢を用意しておかなければ、蓄電池/水素/合成燃料のコスト削減ができなかった場合にエネルギーシステムが破綻してしまいます。他の選択肢としては、高温ガス炉やSMRなどの原子力発電を利用したり、海外の再エネで製造したアンモニアを輸入したりする方法が考えられます。

国のエネルギー安全保障を考えれば、エネルギー自給100％が理想ではありますが、実際の経済や社会は、海外とつながっており、そのつながったシステムでも経済合理性が求められます。例えば、アンモニアをVRE発電単価の安い海外から輸入する方が、日本国内でVRE余剰電力からアンモニアを製造するよりも安いかもしれません。世界には、年間日射量や年間平均風速が高く、日本の数分の1のコストでVRE発電が可能な地域も多く存在します。ゼロカーボン燃料の輸入により、脱炭素は可能かもしれませんが、エネルギー安全保障の問題は、完全には解決できません。それでも、化石燃料よりもVREポテンシャルの方が広く世界に分布しており、地政学的なリスクは低いと考えられます。

また、エネルギー安全保障を考える上で、有事の際のエネルギーの消費の在り方を決めておくこともできるかもしれません。大半のエネルギーを海外からの輸入に依存し続ければ、有事の際にそれらが輸入できなくなる可能性があり、問題です。そこで、燃料輸入を続けるのと同時に、もし輸入できなくなっても、問題を最小化する対策を考えておくのです。まずできることは、省エネです。普段から省エネしていたとしても、照明の明るさや空調の温度など我慢ができることであったり、優先順位の低いエネルギー利用は省くことであったりします。我慢と言っても、VREが拡大していれば、VRE発電量が多い日には大量のエネルギーが利用できますので、我慢は、長くても数日～１週間程度になると考えられます。また、エネルギーが輸入できないような有事の状態では、国内で生産した製品の輸出も難しくなる可能性は高いので、国民の生活でエネルギーを使うことを優先させて、産業でのエネルギー利用を抑えることが考えられます。こうした考え方を予め整理し、準備をしておくことで、エネルギーの一部を輸入に頼ったとしてもエネルギー安全保障が確保されます。

▩ 新しいエネルギー流通の在り方

カーボンニュートラル前編では、家庭部門と業務部門での熱利用が100％電化され、産業部門でも非素材製造業の８割が電化、運輸部門も長距離トラックや航空、船舶などを除いて電化という想定でしたので、ガソリン、灯油、LPガス、都市ガスの多くが利用されなくなり、それらのインフラが経済効率性の低いものとなってしまいます。カーボンニュートラル後編では、それらも利用がなくなり、水素やアンモニアなど新たなエネルギー媒体が登場することになりますが、そのインフラの移行に大きな投資が必要となってしまいます。

そこで、エネルギーインフラの1つの可能性として、エネルギー輸送は、基本的に電力に集約させてしまうことが考えられます。水素は、パイプラインや圧縮タンクで長距離輸送する合理性はなく、需要のある製造業の工場や農業機械などが多く使われる農村部の農協等で電力から製造され、その地域で消費される形になります。

エネルギー流通を電力だけに集約すると、季節貯蔵を行う場所も基本的にはVRE発電設備のある地方で行うことになります。季節貯蔵の方法は、フロー型電池なのか水素なのか、それとも別の方法か分かりませんが、太陽光発電等のVRE発電が盛んな地方であれば、土地は十分にあると思いますので、エネルギー密度は気にせず、とにかく貯蔵コストの安い方法を選択できます。VRE発電側に蓄電池や季節調整力を配置することで、電力供給量が増大しても、基本的に現状の送配電設備の規模のままで済ませることが可能と考えられます。このように地方が発電所になっていくと、大規模な発電設備は、洋上風力発電とアンモニア火力のみとなり、エネルギーシステムは、小規模分散型が基本として、それを電力インフラがつなぐ形、まさに「エネルギーインターネット」となるのです。そして、そうした設備が地方に置かれることで、より広く地方にお金を循環させることになります。食も併せて、食とエネルギーを国内の地方で賄うことができ、国の安全保障レベルが高まるのです。

エネルギー輸送が電力に集約されれば、社会全体でのエネルギー輸送にかかるコストをかなり削減できると考えられますが、それに伴い、大きなインフラの構造転換が必要になります。石油製品やガスの事業はできなくなってしまうので、それらの事業者さんに事業転換をしてもらうことが必要です。社会に大きな歪を生んで、不幸になってしまう人ができるだけ生じないように、計画的に社会を移行していく必要があります。

こうした社会転換は、市場に任せるだけでは実現しません。政府が人類のエネルギーシステム転換を踏まえた上で、長期的な日本のエネルギーシステムのシナリオを描き、そこに向けた誘導策（経済インセンティブと事業移転支援）を行う必要があります。

■ 農家や漁師が発電事業者になる

カーボンニュートラルによって増えていくVREや調整力は、地方に設置されていきます。つまり、地方が日本のエネルギーを支えるようになります。そして、農家や漁師が発電事業者になっていく可能性もあります。農家が荒廃農地を活用して、太陽光発電事業を行ったり、漁師が海域を利用して洋上風力発電事業を行ったりすることで、彼らが日本の食料とエネルギーの両方を供給していくのです。また、供給力のみならず、調整力としても農家や漁師が主役になるかもしれません。具体的には、厳寒期等の電力需給ひっ迫対策として考えられることに、普段は別の仕事をしている設備に、電力ひっ迫時だけ発電してもらうということです。例えば、農業機械や漁船が水素駆動となった場合、電力ひっ迫時には、農業や漁業を休んでもらい、農業機械や漁船を系統に接続して、発電をしてもらうということです。VRE余剰電力を水素として貯蔵する施設を、農場や漁港につくっておけば、そこが発電所になります。このことで、電力ひっ迫時だけに必要な発電設備を用意するよりも経済効率性が高くなる可能性があります。例えば、農業機械の発電出力を仮に1台当たり200kWとします。それで火力発電所の容量が同じだけ不要となったのであれば、火力発電所の固定費分は対価として支払われて良いということになります。発電出力1kW当たりの年間固定費は、LNG火力で15,000円、石炭火力で30,000円程度ですので、水素農機1台当たり300〜600万円/年の収益が得られるということになります。もちろん、火力発電所の固定費と同額では経済効率性は高まりませんので、それより低い金額にしなければいけませんが、水素燃料化による農業機械のコストアップを考えても、電力ひっ迫時の電源は、火力発電所よりも農業機械等に担ってもらった方が経済効率は高そうです。

ちなみに、こうした機械を系統に接続するためのコストですが、それほど高くないと考えられます。燃料電池で発電した電気は、蓄電池に貯められ、インバータを介して交流電気にして、モーターを動かしています。このインバータに電力系統連系できる制御を設定すればよいだけですので、大きな設備の変更はありません。機械に系統接続用のコンセントをつけて、系統接続する施設に逆潮流に対応した電気配線を設ければ、農家や漁師が発電事業者になるのです。

このように、農家、漁師、建設会社などが発電事業者になることで、地方の新しい収益源にもなります。地方が太陽光や風力の発電事業だけをやるのではなく、それを需要に合わせて調整してから、都市部に供給することで、より大きな収益が得られるのです。地方が電源も調整力も提供すれば、系統の形成も経済合理的な形で進められます。これまでは、地方での再エネ発電が増えると、熱容量の制約で都市部に電力が送れないので、系統増強が必要になってしまい、それで経済効率性が下がってしまいました。そこで、発電する側の地方で、調整してから、都市部に送電すればいいのです。都市部が必要な電力に十分なだけの系統はすでに整備されています。地方で、太陽光や風力の発電設備、蓄電池、そして水素インフラが整備されることで、地域のエネルギー的自立だけでなく、都市部への安定したエネルギー供給源となり得るのです。

■日本の産業戦略としての後編

カーボンニュートラル後編は、まだまだ分からない点が多く存在します。この章でもほとんどの記載が定量的にできませんでした。それゆえ後編なのですが、分からないからといって、行動しないということは将来のリスクを高めるだけです。今できることとして、技術開発をしていくことがあります。可能性のある技術については、広めに開発投資していくことが重要だと思います。日本政府は、2兆円の基金を用意し、カーボンニュートラルのための技術開発に投資をし始めます。投資先となる技術の中には、世界の流れに沿っていないようなものもあるかもしれませんが、カーボンニュートラル後編のための技術開発について、その技術の多くがまだ可能性を広げる段階であり、多様な技術開発を進めるべきだと思います。また、これまで、太陽光発電など基礎技術を開発しつつも、ビジネスでは劣勢になってしまった日本が、この後逆転するには、逆張りするくらいの戦略は必要です。

ただし、日本に足りないこととして、技術と社会をつなげる研究が足りないことや社会インストールを踏まえた技術開発戦略になっていないことがあります。開発した技術が社会に使われた場合にどうなるのか、３Ｅに照らして、どのような効果が期待されるのか、他の技術との組み合わせや役割分担も踏まえ、社会全体での効果はどのようになるのか、評価していくことが必要です。ここがないので、日本は、悪い意味でのガラパゴスになってしまうのです。しかし、カーボンニュートラルの世界を具体的にイメージして、それに向けて突き進むのであれば、世界の流れとは一線を画した独自の道であっても、それは良いガラパゴスになります。

第7章 まとめ

本章では、カーボンニュートラル後編の予告編ということで、前編で残っていたCO_2の削減について考えてみました。前編のように、シミュレーションで定量的な評価はできていませんが、これから後編のための革新的技術の開発とその実装のためのヒントになればと思います。

一番のポイントは、季節貯蔵技術の貯蔵コストです。日本は、世界の中では、太陽光と風力に恵まれていない方の国なので、カーボンニュートラルを実現するには、太陽光/風力の電力を季節貯蔵するか、海外からゼロカーボン燃料を輸入するか、火力発電等のCO_2を回収・固定するか、大気中のCO_2を固定するしかありません。本書では、季節貯蔵について考えましたが、それが経済的な選択肢になるか不確かなので、他の選択肢も捨てない方が良いと考えられます。しかも、2050年カーボンニュートラルを実現するには、遅くとも2030年ごろまでには、革新的技術も普及拡大できるレベルで実用化させる必要があるので、開発投資額は、まだまだ足りないと思われます。革新的技術が実用化できるか、実用化できないことが判明するまでの期間は、失敗する回数で決まります。基本的には、投資が多ければ、その分早く失敗して、技術開発が進み、結論も早く分かるものです。また、額だけでなく、開発競争が加速するような仕組み、例えば、実用化の程度を第三者的に評価する機関をつくるとか、世界の有能な人材が集まるよう、海外人材も活躍できる環境づくりも必要です。

カーボンニュートラル後編は、前編よりもバックキャスティングの意味合いが強いものです。よって、後編で想定する技術やインフラは、バックキャスティングで考えるべきだと言えます。日本の政策は基本的には、前例主義で過去からの延長（フォアキャスティング）で考えることが多いですが、その発想をバックキャスティングにする必要があります。例えば、本章にて、エネルギー流通を電力だけに集約するアイデアを紹介しましたが、日本政府は、既存のガス事業者にとって不利益になることを考慮してか、そのようなアイデアは出していないと思われます。バックキャスティングで考えて合理的なことであれば、それは進めるべきです。市場経済の変化の中、ユデガエル的に廃業していくよりも、政策で事業転換を支援し、バックキャスティングシナリオに近い事業をより早く実現させた事業者が儲かるようにしていくことが必要です。

バックキャスティングであれば、一度、現状を忘れて、３Ｅのすべてが高いレベルで実現すること、つまり、カーボンニュートラル以外に、エネルギー自給率100％とエネルギーコストは現在以下という理想状態から考えてみても良いかと思います。それが物理的に可能であれば、どのような技術開発とコストダウンが必要か、どのようなインフラ整備が経済効率的かを考え、政府予算と民間資金活用の仕組みを作って、実行すればいいのです。理想状態から必要とされる技術であれば、それが実用化すれば、その方が世界中が欲しがる技術になり、産業の競争力にもなります。地下資源もなく、

VREにとっての気象条件も良くない日本だからこそ、エネルギー自給率100%のエネルギーインフラ技術を生み出す可能性を秘めていると思います。

おわりに

本書を読んでいただき、ありがとうございました。

改めて、特に本書がお伝えしたかったことを整理しますと、以下の6点になります。

1. カーボンニュートラルは、地球温暖化対策ではない。カーボンニュートラルは産業革命のような社会構造の転換点である。
2. カーボンニュートラルは、太陽光発電やリチウムイオン電池のコストダウンなど技術発展による自然な社会トレンドであり、無理に進められているものではない。
3. カーボンニュートラルは、国家戦略上の重要テーマの1つであり、経済優位性を確保するために各国が産業戦略として取り組んでいるものである。
4. 日本でも太陽光発電、風力発電、蓄電池のコストを下げることは可能であり、CO_2排出量の半減は、技術革新がなくとも、経済合理的に実現できる。
5. エネルギー安全保障リスクを最小化するためにも、まずはCO_2排出量の半減「カーボンニュートラル前編」を全力で取り組むことが重要である。
6. カーボンニュートラルへの社会転換は、国家にとっても、企業にとっても、個人にとっても、成功するための大きなチャンスである。

カーボンニュートラルは、持続可能なエネルギーインフラを実現させようという人類の大きな挑戦です。自然電力は、持続可能な社会実現に向け、特にエネルギーインフラ、特に自然エネルギーの拡大で社会に貢献したいと考えています。「自然エネルギー100%の世界を目指す」と公言してはいますが、カーボンニュートラル後編の具体的なイメージは見えていませんし、その実現には時間もかかります。今の自然電力が実現するのは、まずはカーボンニュートラル前編の部分になります。

そのカーボンニュートラル前編も、自然電力の力だけでは実現できません。仲間が必要です。特に、これまで自然エネルギーとは関係なかったような生活者、企業、地域などの皆さんに仲間になっていただきたいと考えています。本書は、こうした仲間づくりのため、私たちが考えているカーボンニュートラルについて、どのように考えているのか示すものです。本書を読んでいただき、カーボンニュートラルのイメージ、少なくともカーボンニュートラルの前編として、電化と再エネと蓄電池でCO_2排出量の半分を削減する方法について、具体的なイメージを持っていただくことができたとしたら幸いです。

私たちの挑戦はこれからも続きます。ぜひ、私たち自然電力と共に自然エネルギー100%の世界をつくっていきましょう。

用語説明

■あ行

インバータ

直流の電気を交流の電気に変える装置。太陽光発電パネルは、直流で発電しており、蓄電池も直流で充放電されるため、それを電力系統に接続できるように交流に変える必要がある。なお、最近は、多くの風力発電設備にて、あらゆる風の状況でも最大限発電できるよう同期発電機交流の電気を一度直流にしてから（この装置は「コンバータ」ともいう）、インバータで交流にしている。また、エアコンやポンプなどの動力もインバータ制御となっているケースが増えており、系統に接続する発電機や電動機の多くがインバータ制御となっている。

エネルギー安全保障

市民生活や経済活動のために、必要十分なエネルギーを経済合理的なコストで確保すること。日本は、エネルギー源の約9割を輸入化石燃料に頼っており、輸入先の国の情勢や航路の安全性によって価格が急騰したり供給が止まったりしてしまうリスクが高いため、エネルギー安全保障の度合いが低い国と言える。

エネルギー転換部門

石油、原油、天然ガスなどの一次エネルギーを電力やガソリンなどの二次エネルギーに転換する産業部門のこと。部門別CO_2排出量の1つの部門。他に、家庭部門、業務部門、運輸部門などがある。

卸電力取引価格

卸電力取引所（次項を参照）で決定した、電力の取引価格。実際には、複数の市場があるが、たいていは前日スポット市場と時間前市場の加重平均価格を言うことが多い。

卸電力取引所

発電事業者や小売電気事業者が電力を取引する市場。電力の自由化を踏まえて、2004年に設立された。日本では、流通する電力量の3〜4割が卸電力取引所経由で取引されている。これは、旧一電の発電部門が一定割合を市場に投じる取組(グロスビディング) を行っていることとエリア間を跨いで電力を送る場合には卸電力取引所を経由させる必要がある (間接オークション) ためであり、相対取引ではない純粋な市場取引量は小さい。

温室効果ガス

太陽光の赤外線を吸収する性質を持つ気体のこと。大気圏にあって、地表から放射された赤外線の一部を吸収することで、温室効果をもたらす。水蒸気、二酸化炭素、メタン、一酸化二窒素、フロンなどが温室効果ガスに該当する。このうち、二酸化炭素、メタン、一酸化二窒素、フロンなどの人為的な排出により、それらの大気中濃度が増して、地球温暖化の原因となっている。

■ か行

カーボンニュートラル

人為的な温室効果ガスの排出量を全体としてゼロにするという概念。温室効果ガスの排出自体を完全にゼロにすることは難しいため、大気から温室効果ガスを吸収して固定化させた分を差し引いた量をゼロにすること。

海域指定制度

再生可能エネルギー発電設備を海域にて整備するために設けられた制度。海域は、誰の所有でもないことから、国が指定した海域を事業者が一定期間、再エネ発電事業のために利用できるようにしている。

海洋再生可能エネルギー発電設備の整備にかかる海域の利用の促進に関する法律にて、国が基本方針を定め、年度ごとに、促進区域の指定を行った上で、公募による事業者の選定を行うことが定められている。(関連ワード:セントラル方式)

褐炭

水分や不純物などを多く含み、炭化の度合いが低い、品質の低い石炭のこと。太古の樹木等が地中深くで水素が取り除かれて炭素だけになり（炭化）石炭として産出されるが、この炭化の工程が不十分な石炭を褐炭という。自然発火しやすい上に、褐炭は水分、酸素が多く、重量当たりの発熱量が小さいため燃料としての価値は低い。近年は、水素製造に用いる原料として注目されている。

稼働率

発電設備が定格出力で稼働し続けたときに得られる電力量に対する、実際に発電した電力量の比率。定格出力で24時間365日運転し続ければ、稼働率が100%で、その半分であれば、稼働率50%である。VREは、天候任せの発電であり、稼働率は一般的に低い。日本で、出力制御がない状況で、太陽光発電は13〜15%、陸上風力は25〜30%、洋上風力は30〜40%である。

基本料金

電気代のうち、使える電力(kW)に応じて支払う料金のこと。(関連ワード:従量料金)

旧一電

旧一般電気事業者の略。

旧一般電気事業者

北海道電力・東北電力・東京電力・中部電力・北陸電力・関西電力・中国

電力・四国電力・九州電力・沖縄電力の10電力のこと。2015年の電気事業法改正前までは、地域独占で電力供給を担う事業者として、一般電気事業者が定義されていたが、電力システム改革によって、法律上から一般電気事業者という位置づけがなくなった。今でもこの10社は、他の電気事業者と比べ、その規模の違いなどから区別して扱うときがあるため、旧一般電気事業者という呼び方が使われる。

キュービクル

電力会社との電気供給契約が50kW以上の需要家が、電気を受電する際に必要となる設備。

6600Vを200Vや100Vに変える変圧器、遮断器、保護継電器、その他機器を組み込んだ金属製の箱。たいていは、クリーム色をして、「変電設備」とか「高電圧」とか書かれている。

経済内部化

外部経済や外部不経済の存在によって、市場での効率的な資源配分が阻害されている場合に、外部効果が及ぶ第三者の利益、不利益を当事者の経済計算に反映させるようにすること。外部経済とは、ある経済活動の影響で取引当事者以外や市場の外側で利益が生じることで、外部不経済は、その逆に不利益が生じることである。エネルギー政策においては、経済効率性(安くエネルギーが使える)というだけではなく、エネルギー安全保障(経済合理的な価格で安定してエネルギーを利用し続けられる)や環境(環境に悪影響を与えていない)という点も重要であるが、エネルギー安全保障や環境に関して何もルールがなければ、それらを無視した経済活動が進んでしまい、エネルギー価格は安いが、エネルギー安全保障上のリスクが高くなっていき、環境破壊も進んでしまう。そこで、エネルギー安全保障や環境に関するルールを導入することで、事業者が合理的な判断で経営することが、社会全体として、エネルギー安全保障や環境の側面も高めていくようにすることができる。経済内部化のルールとしては、例えば、エネルギー安全保障上リスクの低い燃料を利用する設備に補助金を出すとか、CO_2排出量の多い燃料には税金をかけるなどの様々な方法がある。

高温ガス炉

原子力発電において、熱を取り出すための冷却材に従来の水ではなくヘリウムを用い、炉心に耐熱性の高い黒鉛を主成分としたセラミックス材料を用いる技術。水ではなく反応性の低いヘリウムを用いることで1000℃程度の熱を得られ発電効率を上げられ、また、その高温熱を利用して、水素製造などを行うこともできる。現時点では、最も進んでいるところで実証炉の段階まできている。

耕作放棄地

以前耕作していた土地で、過去１年以上作物を栽培せず、この数年の間に再び栽培する意思のない土地のこと。耕作可能な土地であっても、所有者に耕作の意思が無ければ耕作放棄地に分類される。なお、耕作放棄地は内閣府が作った用語であり、農林水産省は原則使わない。（関連ワード：荒廃農地）

合成燃料

CO_2（二酸化炭素）とH_2（水素）を合成して製造される燃料のこと。複数の炭化水素化合物の集合体で、"人工的な原油"とも言われる。カーボンニュートラルのための1つの技術として、火力発電所から回収したCO_2を原料として、再エネ由来の水素や電力を用いて液体燃料を製造することが考えられている。（関連ワード：CCU）

荒廃農地

農林水産省「荒廃農地の発生・解消状況に関する調査」において、「現に耕作されておらず、耕作の放棄により荒廃し、通常の農作業では作物の栽培が客観的に不可能となっている農地」と定義されている。耕作放棄地と違い、調査員が状態を見て判断する。農林水産省は、2021

年4月に再エネ発電事業のために荒廃農地を活用しやすくする規制緩和を行った。(関連ワード:耕作放棄地)

小売電気事業者

電力を販売する事業者。送配電系統の利用や安定した電力の提供のための責務があるため、事業を行うためには、経済産業省に小売電気事業者の登録が必要。

コンバインドサイクル発電

天然ガスをガスタービンで発電した後、その排気ガスで蒸気を生成して、蒸気タービンも回して発電することで、高効率で発電する技術。ガスタービンだけだと発電効率が40%程度であるが、コンバインドサイクルにすることで、50%以上での発電が可能になる。

固定価格買取（FIT)

再生可能エネルギーで発電された電力を電力会社が一定期間、固定価格で買い取る制度であり、再エネ発電事業者にとって、収益の予見性が得られ、事業が行いやすく、再エネを普及させる効果がある。実際に世界各国でFIT制度が導入され、再エネの普及拡大が進んだ。FITには、買取価格を下げていくことで、事業者のコスト削減を促すという目的もある。FIT制度を先進的に導入したドイツでは、2004年に太陽光発電(1MW以上)の買取価格が約55円/kWhから、2015年には、約11円/kWhまで低下している。

■ さ行

再給電方式

ある送電線に混雑が発生したとき、一般送配電事業者が混雑した送電線に接続された電源の発電量を抑制することで混雑を解消する方法。

最低出力

火力発電所が発電できる最小限の出力。火力発電所は、その設備設計上の理由で、発電出力を一定以下にすると、発電が維持できなかったり、発電効率が大幅に下がってしまったりする。火力発電所ごとに、運用上の最低出力が定められており、これを加味した発電所の運用が必要となる。

従量料金

電気代のうち、電気の使用量に応じて支払う料金のこと。（関連ワード：基本料金）

出力制御

VREの発電出力が大きく、系統全体の発電出力が需要量を超えそうなときに、VREの出力を抑えること。VREは、限界費用ゼロであるので、機会損失にはなるかもしれないが、実態の損失はない。むしろ、VREは、需要に関係なく発電を行うものであり、一定の出力制御は当然のことである。また、「出力抑制」と言われることがあるが、制度上は「出力制御」という言い方が正。（関連ワード：VRE）

小規模分散型

小規模な電源が分散的に存在すること。従来の火力発電所や原子力発電所のように、大規模な発電所を特定の場所に設置する「大規模集中型」との対義語。これまでの電源は、大規模化による規模の経済が働いたが、太陽光発電や蓄電池は、規模の経済が働かないこと、需要側に設置することで、系統にかかるコストを削減できたり、停電時に利用可能だったりすることから、小規模分散型で普及拡大している。（関連ワード：大規模集中型）

ゼロカーボンシティ宣言

地方自治体が温室効果ガスの排出を将来的に実質ゼロにすることを

宣言すること。環境省が宣言した地方自治体を集計している。2021年7月30日時点で432自治体(40都道府県、256市、10特別区、106町、20村)が宣言している。宣言した自治体の人口は、1億1,118万人と日本全体の9割に相当する。また、横浜市が事務局となって、ゼロカーボン市町村協議会を立ち上げ、横のネットワークづくりを進めている。

全館連続空調

住宅全体を一定の温度に保つ空調。室温を19℃以上に保つことで、体への負荷が減り、病気のリスクが減るとの研究もあり、健康面への効果が期待されている。日本では、古来、夏の湿度対策のために風通しの良い家づくりが行われ、冬季については部分的な暖房(火鉢やこたつなど)で寒さを凌いできた。近年、換気や空調機器、建材の進化により、高気密であっても湿度対策が可能になっており、こうした住宅を高断熱化することで、全館空調でもエネルギー消費量を増やさず、快適性を高められることが立証されている。(関連ワード:部分間欠空調)

セントラル方式

洋上風力発電の開発初期段階を国が主導することで、全体コストの最小化と発電コストの最小化を図る方式。洋上風力発電は、環境影響評価や漁業権との調整に長い時間を要することや、そもそも公共物である海上の使用権や占有権をどう取り扱うか、送電線をどのように整備するかなど、クリアすべき課題が多い。そこで政府が予め開発する海域を指定し、各種許認可や系統接続など必要な手続きを国が済ませた上で、その海域での発電事業者を競争入札で決めるといった仕組み。発電事業者は、開発リスクをとることがないため、純粋に発電コストの低さを追求できる。

ゾーン制

予め混雑が発生しそうな送電線を特定しておき、卸電力取引所ではその送電線によって区切られたゾーン別に電力価格を決定することで、市場を通して発電事業者に働きかけて混雑を防止する方式。(関連ワード:再給電方式、ノーダル制)

■ た行

大気直接炭素回収(DAC)

大気中のCO_2を直接回収する技術。回収方法としては、アルカリ性の溶液に大気を通してCO_2と中和反応を起こし、CO_2を溶液内に回収する方法が一般的。まだ実用化には至っていないが、カーボンマイナス技術として開発が盛んになっている。

ダックカーブ問題

太陽光発電の導入が進むと、ネット需要のカーブが、朝に上がって、昼には下がり、夕方に急激に高まる現象のこと。カーブの形が鴨の背中から首にかけての曲線に似ていることからこう呼ばれる。カルフォルニア州ではこの現象が顕著に見られており、夕方の急激なネット需要の増加に火力発電所が追い付かないという懸念がされている。解決方法としては、蓄電池によって、夕方のカーブを緩やかにすることが有効と考えらている。

炭素回収貯留(CCS)

二酸化炭素を回収して貯留すること。CO_2を地下800mより深くにある、CO_2の漏洩を防ぐ泥岩などからできている遮へい層で覆われた、隙間の多い砂岩などからできている貯留層に貯留する方法が一般的である。

炭素回収有効利用(CCU)

二酸化炭素を回収し、有効利用すること。CO_2の有効利用には、CO_2のまま直接利用する方法とCO_2を燃料やプラスチックなどに変換して利用する方法がある。CO_2を直接利用する例として、油田にCO_2を圧入して、原油をより回収しやすくする石油増進回収(Enhanced Oil Recovery）への利用やドライアイスへの利用がある。CO_2を他の物質に変換する方法では、物質変換のためのエネルギーが必要だが、そこで再生可能エネルギーを使うなど、できるだけ化石燃料を使わない方法がある。

炭素回収利用貯蔵（CCUS）

二酸化炭素を回収し、有効利用したり貯留したりすること。

炭素税

CO_2を排出する燃料に対して課税すること。カーボンプライシング施策のうちの１つ。基本的には、化石燃料に炭素の量に応じてかけられる。これにより、CO_2排出量の大きい主体は税負担が大きくなり、排出量の小さい主体は負担が軽くなるため、排出量の削減努力が促される仕組み。また、税収を排出量削減のための取組(低炭素な整備投資への補助など）に充てることで、さらに削減が促されるため、この場合には「2重の配当」という効果も期待される。炭素税には、化石燃料の輸入時点で課税する上流課税と化石燃料由来の製品を利用する時点で課税する下流課税がある。上流課税は、課税対象者が少なく、徴税コストも安く広く公平に課税できるが、消費者のところまでの消費行動の転換には結び付き難い。下流課税は、消費者へのアナウンス効果もあり、消費行動の変化が期待されるが、課税対象が多くなり、徴税コストが高くなる。日本は、地球温暖化対策のための税という名称で、石油石炭税の一環として徴税しているが、289円/t-CO_2という税率で、欧州の900～15,000円/t-CO_2の水準と比べ小さく、消費を抑制する効果は限定的と考えられる。

低圧案件

特に太陽光発電事業において、発電所出力を50kW未満とすることで、電力系統と低圧で接続する発電事業案件のこと。低圧接続とすることで、キュービクルが不要で電気主任技術者の選任も不要となり、コストが抑えられるメリットがある。こうしたメリットから、大規模な土地を分割して、低圧案件を大量につくる手法が広がった。しかしながら、本来必要である電気主任技術者選任などを免れており不公平がある点、実際に低圧分譲案件に管理されない案件が多く、トラブルも多く発生していたため、2014年度からは再エネ特措法上の事業計画認定は得られないルールとなった。

デュレーションカーブ

1年間といった一定期間において、一定の時間ごとの需要電力量を、時系列に関係なく、需要電力量の大きい順に並べ替えたグラフ。需要電力の発生率を見ることができる。特に、VREが増える場合、ネット需要の幅が大きく変動するため、需要カーブそのままでは、どのように電源を持つべきか検討し難いが、デュレーションカーブを用いて、調整力として持つべき電源を検討しやすくなる。

電力系統

発電所で作られた電力を需要家へ届けるための、送電線や配電線、変電所などの設備で構成されるシステム。電力ネットワークとも呼ばれる。

都市ガス

上水道のように、道路等に埋設されたガス管から供給される燃料。主成分はメタンガス。多くはLNGとして輸入された天然ガスを改質して製造している。LPガスと違って配送コストがかからないため安価であるが、配管のための初期費用がかかるため人口密集地でしか敷設されない、災害時配管にダメージがあると供給が長期間止まるなどのデメリットがある。

都市ガスをカーボンニュートラルにする方法としては、自然エネルギー等のゼロカーボン電力を使い、水から水素を得て、その水素と二酸化炭素からメタンを合成する方法がある。ただし、現状ではコストが高すぎて現実的な選択肢ではない。カーボンニュートラル後編での選択肢の１つである。

トップランナー方式

エネルギーの使用の合理化に関する法律(省エネ法)におけるエネルギー基準策定方式。自動車や電気機器について商品化されている製品のうち最も性能の良いものをトップランナーとし、その性能以上に省エネルギーの基準を設定するという方式。エネルギー効率の向上を促進している。もしも、基準に達していない商品を販売し続けると罰金を科される。省エネ法以外でも、成績の良いところを抽出して、次の基準をつくっていくことをトップランナー方式といい、固定価格買取制度の買取単価の決定でも用いられた。

■ な行

均し効果

１か所でみると変動が大きいものでも、多数が集まると均されて変動が小さくなること。例えば、1か所の風力発電所や太陽光発電所は、天候により出力が大きく変動するが、多数の発電所の出力を合成すると短い周期の変動が打ち消され、短い周期の出力変動が問題ではなくなる。

ネット需要

電力の総需要から、VREの発電出力を差し引いた残りの需要電力のこと。残余需要とも言う。VREは、需要に関係なく発電するため、電力需給バランスを取るためには、総需要からVRE出力を引いた分をいかに他の電源で供給するかという考え方になる。この調整が柔軟にできるほど、VREを最大限に活用できるようになる。(関連ワード:フ

レキシビリティ）

ノーダル制

すべての送電線について、混雑が発生した場合にそれを解消するために必要な費用を予め算出しておき、混雑時には地点別にその価格で約定することで発電事業者に働きかけて混雑を防止する方式。（関連ワード：再給電方式、ゾーン制）

ノンファーム型接続

送電線の容量を抑えない形で電源を系統に接続すること。日本では、電力系統に接続される電源は、その電源の最大出力で発電したときでも送配電線が混雑しないように送配電線を整備してきた。このように電源が系統容量を確保する形での系統接続のことをファーム型接続という。これまでは、大規模集中型の電源が中心であったため、電源整備に合わせて系統整備を行ってきたため、これで問題はなかったが、稼働率の低いVREが主力電源の1つとなると、系統全体での需給バランス上はVREを増やすべきなのに、系統制約でVREが増やせないという状況に陥ってしまう。そこで、系統容量を電源に割り当てず、系統容量が空いているときに、その分だけ出力できるようにするノンファーム型接続によって、VREの導入量を増やすことができる。

欧州では、一般的な運用方法だが、日本では現在、基幹系統での適用が始まったところ。分散型電源の接続を増やすためには、基幹系統だけでなくローカル系統での適用が重要であるが、ローカル系統でのノンファーム型接続の導入時期については未定である。

▩ は行

バイオマス炭素固定（BECCS）

回収・貯留（CCS）付きバイオマス発電のこと。木材や農業残渣などのバイオマスで発電した後に発生するCO_2を回収及び固定（CCS）することで、大気中のCO_2濃度を純減させること。もちろん、CCSの分の追加コストがかかるため、カーボンニュートラル後編の中でも最終手段と言える。

排出係数

温室効果ガスの排出量を計算するために用いる係数で、燃料の場合は、単位量当たりの炭素量、電力の場合は、1kWh当たりのCO_2排出量。事業者等がCO_2排出量を算出する場合は、燃料や電力の消費量に排出係数をかけることで計算する。

排出権取引

国や事業者に割り当てられた排出量の一部を、他の国や事業者と取引すること。排出量削減の取組にかかるコストは、国や事業者によって異なるため、他の国や事業者から排出量を購入した方が安い場合がある。こうした取引によって、全体での目標達成を果たしつつ、全体での経済効率性も目指すのが排出権取引。欧州や中国では、制度が始まっており、大量に温室効果ガスを排出する事業者は、この仕組みで排出量削減を進めている。排出量割当と排出権取引を合わせて、キャップアンドトレードと言う。

バックキャスティング

未来のあるべき姿から逆算して、次の施策を考えるような発想法。この逆で、現在から改善を積み上げていく考え方は、フォアキャスティングと言う。バックキャスティングでは、できるかできないかを考える前に、未来のあるべき姿を決定するため、フォアキャスティングでは出されないような挑戦や変革が起きる可能性が高まる。

パワコン

PCSのこと。パワーコンディショナーの略称。

ヒートショック

急激な気温の変化によって血圧が上昇、降下することで引き起こされる健康障害。暖房のない脱衣所や浴室から、暖かい湯舟に浸かったときによく発生すると言われている。断熱性の低い住宅は部屋による温度差が大きくなりやすい。年間1.7万人がヒートショックで亡くなっているとの推定もある。

ヒートポンプ

冷媒（熱を運ぶための物質）を膨張、圧縮させることで熱を低温部分から高温部分に移動させる技術。エアコンや冷蔵庫は、この技術を用いて、冷温熱を生み出している。カーボンニュートラルの文脈では、これまで熱利用（給湯、暖房、厨房、乾燥など）で使われていた化石燃料を電気に変える際、ヒートポンプ技術を利用し、空気熱を利用することで、電力に対する熱効率が高まり、電力消費量が抑えられる効果がある。例えば、都市ガス1kWhからお湯0.95kWhができるが、ヒートポンプを用いれば、電力1kWhからお湯3kWhをつくることが可能である。

非化石証書

再エネや原子力発電などの非化石電源で発電された電力が持つ非化石電源としての価値を切り離して証書にしたもの。

フォアキャスティング

現状からどんな改善ができるかを考えて、改善策を積み上げていく思考法。（関連ワード：バックキャスティング）

部分間欠空調

住宅の一部を必要な時間だけ空調設備を稼働させる空調のやり方。冬場に居間は、石油ストーブやこたつで暖かいが、廊下や脱衣所が寒いとか、夜寝るときは暖房を切るので、朝寒くて起きられないという現象を生み出す。空調の効いた部屋との温度差が大きくなり、ヒートショックを引き起こしやすくなる。

法定耐用年数

法律上定められた資産の使用可能と見込まれる期間のこと。

ボラティリティ

市場における価格変動の度合いが大きいこと。一般に、ボラティリティが大きいほどその商品の売買によるリターンもリスクも大きくなる。カーボンニュートラルの文脈では、電力システムに限界費用ゼロのVREが大量導入されると、電力の余剰や不足が頻発するようになり、電力余剰時には価格がゼロ円となり、不足時には価格が高騰する形で、ボラティリティが大きくなるが、この価格を利ザヤとして、蓄電池などの需要側での調整力が増えていくため、電力システム全体としては最適化されていくことが期待される。

▩ま行

薪ボイラ

薪を燃やすことでお湯をつくる装置。従来、給湯や空調で用いられるボイラは化石燃料を使用することが多いが、カーボンニュートラルにおいては、化石燃料が利用できない。薪は、大気中のCO_2を固定したものであるので、燃やしても大気中のCO_2濃度の増加にはならない。

みなし小売電気事業者

旧一般電気事業者の小売部門は、みなし小売電気事業者と呼ばれる。2016年の電気の小売全面自由化に際して、「規制なき独占」に陥ることを防ぐため、低圧需要家向けの小売規制料金について経過措置として、経過措置料金での供給が継続されている。

ロックイン現象

一度導入した製品については、交換が必要になった商品やサービスを買い換える際にも、同じメーカーや同じような製品を買い続けてしまうこと。新しい商品への慣れや習熟、周辺設備の改修などがあり、スイッチングコストがかかるといった技術的な原因や、取り引きをしていた業者との義理を断れないといった心理的な原因が存在する。カーボンニュートラル社会への意向には、脱炭素ができる設備への更新が不可欠であるが、例え10年寿命の設備であっても、ロックイン現象で10年後にもう一度脱炭素でない設備が入ってしまう可能性が高い。よって、新築建物等の新規の設備導入においては、将来的に脱炭素が可能なことを考慮した設備の導入が必要である。

■A～Z

BECCS

バイオマス炭素固定のこと。

CCS

Carbon dioxide Capture and Storage。二酸化炭素の回収及び貯留。CO_2を地下800mより深くにある、CO_2の漏洩を防ぐ泥岩などからできている遮へい層で覆われた、隙間の多い砂岩などからできている貯留層に貯留する方法が一般的である。カーボンニュートラル後編の技術。

CCU

Carbon dioxide Capture and Utilization。二酸化炭素の回収及び有効利用。CO_2の有効利用には、CO_2のまま直接利用する方法とCO_2を燃料やプラスチックなどに変換して利用する方法がある。CO_2を直接利用する例として、油田にCO_2を圧入して、原油をより回収しやすくする石油増進回収(Enhanced Oil Recovery）への利用やドライアイスへの利用がある。CO_2を他の物質に変換する方法では、物質変換のためのエネルギーが必要だが、そこで再生可能エネルギーを使うなど、できるだけ化石燃料を使わない方法がある。カーボンニュートラル後編の技術。

CCUS

Carbon dioxide Capture,Utilization and Storage。二酸化炭素を回収し、有効利用したり貯留したりすること。

DAC

Direct Air Capture。大気直接炭素回収。

DSS

Daily Start and Stop。日間起動停止。火力発電所が1日1回の起動と停止を繰り返す運転のこと。一般的には、需要の多い日中に稼働し、需要の少ない夜間に停止する。このパターンで運転した場合、起動を始めてから最大出力に達するまでに、LNG火力では1時間程度、石炭火力では3時間程度を必要とするため、計画的な起動停止が必要となる。

FIP制度

再エネ電源の普及促進のために、固定価格買取ではなく、再エネで発電した電力を相対や市場取引で販売してもらう一方で、発電事業者が事業を成立させるために必要な売電価格と市場価格の差をプレミアムとして補填することで、発電事業者の収益予見性を高める制度。発電事業者は、収益予見性は得られるものの、売電先を自ら見つけ、発電量も計画を自ら作成して提出していくことが必要になるが、こうした過程を得て、再エネ電源も市場での一プレーヤーとして自立していくことになる。

FIT

固定価格買取のこと。

LPガス

液化石油ガス。主成分は、プロパンやブタン。これらは原油を精製する過程で発生する。ガス管で輸送される都市ガスと違い、タンクローリーやボンベ容器で輸送されるため、都市ガスより一般的にはコストが高く、消費者にとっても高い支払いとなる。ただし、ガス管が不要であるため、人口密度が低い郊外や過疎地では、都市ガスよりもコストが安く、普及している。ただし、最近は光熱費が安くなるオール電化の普及が増えており、LPガス供給件数は低下している。(参照ワード:都市ガス)

PCS

Power Conditioning Subsystem。日本では通称「パワコン」。太陽光発電パネル等の電気を系統電力に変換するための装置。PCSには、直流電力を交流電力に変えるインバータ機能だけではなく、系統電力の状況に応じて、出力や電圧などを調整する機能や、系統の異常を検出して動作を停止する系統連系保護機能が付いている。

SMR

Small Modular Reactor。小型の原子炉のこと。小型化により、冷却しやすくすることで重大事故につながるリスクを軽減、また、工場で製造できるようになり、建設が簡易化することでコスト削減となる。高温ガス炉は、そもそも大型化ができないためにSMRとなる。(関連ワード:高温ガス炉)

VPP

Virtual Power Plant 仮想発電所。分散する多数の小規模発電所や、蓄電池・電気自動車の充放電などをまとめて制御することで、あたかも火力発電所のように、需要に応じた電力供給量の調整を行う機能のこと。

VRE

Variable Renewable Energy 自然変動電源。太陽光発電と風力発電のように、日射量や風速などの気象によって発電できる電力が変化する電源のこと。

WSS

Weekly Start and Stop 週末起動停止。火力発電所が週１回の起動と停止を繰り返す運転。一般的に、オフィスや工場等が休止する休日は、電力需要が低くなるため、発電所が、平日に稼働し、休日に停止する運転パターンのこと。このパターンでは、起動を始めてから最大出力に達するまでに、LNG火力では4時間程度、石炭火力では12時間以上を必要とする。

コラム

持続“不”可能性

本書では、カーボンニュートラルの意義の1つとして、人類の文明を支えているエネルギーシステムが持続可能なものに変わっていくことと説明しています。しかしながら、「持続可能」という言葉自体への共感を持つ人、つまり、持続可能にしていきたいと思う人は、日本には少ないかもしれません。この点が日本と欧州のカーボンニュートラルへの姿勢を変えている可能性があると考えられます。欧州の知識層は、「持続可能性」に対して絶対的な価値観を持っていると思います。だからこそ、あそこまで大胆な政策が打てるし、それを着実に成果としているのではないでしょうか。

自然電力の究極の目標は、持続可能な社会の実現です。そのためにやらなければいけないことが多すぎるので、私たちは、自分たちの役割として、再生可能エネルギーを拡大していくというパーパスを持って、企業活動をしています。自然電力のクルーの多くが、持続可能な商品やサービスの方が、かっこいいと思います。エネルギーは、再エネの方がかっこいいし、使っていて気持ちよいと思います。だからこそ、そうした感覚を持たない人にとっては、「再エネ」「自然エネルギー」って言われても、その価値に共感もできなければ、エネルギーシステムの転換に不安を持ってしまうことも理解できます。

第1章で述べたように、日本が持続可能なエネルギーシステムを確立することは、エネルギー安全保障が最大のリスクである日本の経済にとって、とても重要なことです。「経済安全保障」という言葉が使われることが多くなってきていますが、経済の安全保障という意味で、エネルギーが最も大きな要素の1つであることに疑う余地はありません。日本がエネルギーを海外に依存しない、持続可能なエネルギーシステムを作っていくためには、「持続可能性」の理解を深め、その価値に納得していただき、できれば、少しでも感覚として持つことが重要だと考えています。

そこで、このコラムにて、長くはなりますが、「持続可能性」の意味について解説したいと思います。価値観というものは、言葉で説明して、すぐに理解できるというものではないかもしれません。頭で理解できても、心が付いていかない、行動にはなかなかできないということもあると思います。そこで、「持続可能性」ではなく、その逆の状態「持続不可能」を具体的にイメージすることで、「持続可能性」の価値感が得られるように考えていきたいと思います。

■ 何が問題なのか

まず、そもそもの話として、何が持続不可能なのか、持続不可能な状態の何が問題なのかという点を確認しておきたいと思います。

まず、何が持続不可能なものかという対象ですが、これは人間社会です。地球環境が持続不可能というわけではありません。地球環境にとっては、洪水が増えて人が何千人死亡したって、５回の生物大量絶滅を経験している地球の歴史から見れば些細なものです。「地球のために」という言葉を聞くことがありますが、それは正確な表現ではないと言えます。あくまでも「人間社会のために、地球環境を守る」ということです。環境問題で困るのは、地球ではなく、人類なのです。

次に、“持続不可能な状態の何が問題なのか”という問いの答えですが、それは、人々が幸福に暮らすための機会が奪われることです。後述で、詳しく社会構造的なメカニズムとして説明しますので、ここでは簡単に説明します。私たち一人ひとりが幸せに暮らすために必要な環境として、衣食住やそれを支える安定した社会環境が必要です。そして、社会環境を支える地球環境が必要です。地球環境は、人間社会にサービスを提供してきました。地球環境が、今、大きく変化しており、それによって、私たちは地球環境からのサービスを享受できなくなっているのです。

現在の人間社会の活動が地球環境に与える作用は、地球環境を変化させるだけの規模になり、これまでどおりの地球環境からのサービスを享受し続けることが難しくなってきています。これが持続不可能性です。例えば、人間社会の化石燃料利用などによる温室効果ガスの排出が地球温暖化を引き起こし、これまで当たり前のように享受していた“安定した気候”というサービスを受けられなくなってきています。そのほかにも、森林を切り尽くせば、木材提供というサービスは受けられなくなるなど、地球環境からのサービスを利用しすぎて、地球環境が変化してサービスが享受できなくなってしまうことがあります。こうした地球規模の環境問題を「地球環境における人間社会の持続不可能性」と呼ぶことにしましょう。ここで「人間社会の持続不可能性」としているように、持続不可能な対象は、あくまでも人間社会です。地球環境ではありません。もちろん、地球環境が持続不可能な状態、自然環境が壊され、形が変わっていくことも問題かもしれませんが、それは、人の考え方によって共感を得られない場合があります。一方で、人間社会が持続不可能なことは、より多くの人に共感されると考えられるため、持続不可能なものは人間社会としています。

このように、持続不可能性を一言でいうと、「人為的影響による地球環境の変化によって、人間社会が地球環境サービスを享受できなくなること」となります。世界中の若者が、気候変動に対する活動を行っていますが、彼らは、「自然が好きだから温暖化を止めてほしい」ということではありません。彼らが言いたいことは、「自分たちが将来、幸せに暮らしていくための機会を奪わないでほしい」ということです。環境問題とは、自分たちの周囲という“環境”にある問題ではなく、自分たちの中にある問題なのです。まずは、大人たちが、若者たちの声を「幸せに生きていくための機会が奪われている」という切実な願いであることと理解しなければ、世代間の相互理解は難しいでしょう。

■ 持続不可能性のメカニズム

持続不可能性を解決するためには、持続不可能な状態が生じるメカニズムを理解することが必要です。そこで、持続不可能性のメカニズムを

図A-1　持続不可能性が生じるメカニズム

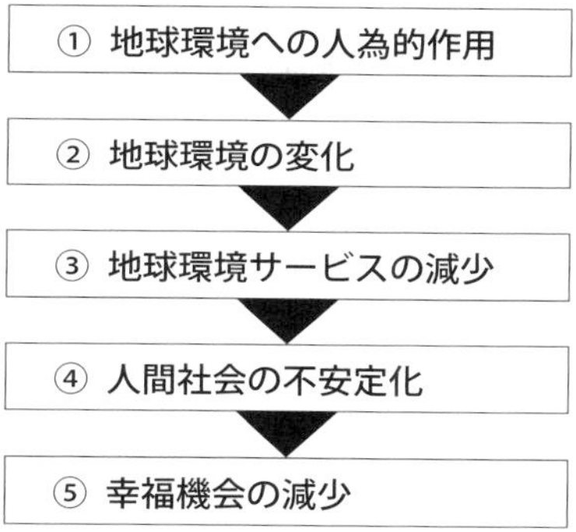

人為的作用によって、地球環境が変化し、人間社会が享受できる地球環境サービスが減少することで、社会が不安定化し、私たちの幸福機会が減少するというプロセスが、地球環境問題なのです。

考えていきたいと思います。**図A-1**は、持続不可能性が生じるプロセスを整理したものです。

この図にあるように、持続不可能性には５つのプロセスがあります。順に「①地球環境への人為的作用」⇒「②地球環境の変化」⇒「③地球環境サービスの減少」⇒「④社会の不安定化」⇒「⑤幸福機会の減少」という流れになります。まずは、人間社会が地球環境に何かしらの作用を与えます。その作用によって、地球環境が変化し、人間社会が地球環境から享受してきたサービスが減少していきます。それによって、社会が不安定になり、私たち一人ひとりが幸福に暮らせる機会が減ってしまうというものです。

１つの例として、このプロセスで地球温暖化を説明してみましょう（**図A-2**）。まず、温室効果ガスの大量排出という人為的作用によって、気温や海水温の上昇、異常気象などの地球環境の変化が起きます。そして、異常気象が都市インフラや工業インフラを破壊したり、農業生産へも被害を及ぼしたりします。自分の体や住まいに直接被害を受けるということで幸福の機会を失うこともありますが、それ以上に、異常気象によっ

図A-2　地球温暖化のプロセス

① 地球環境への人為的作用
人間社会が大気中に温室効果ガスを大量に排出する。

▼

② 地球環境の変化
地球環境の気温や海水温が上昇する。

▼

③ 地球環境サービスの減少
気候が不安定になり､異常気象で都市･工業インフラが破壊したり､農業生産量が減少したりする。

▼

④ 人間社会の不安定化
農業生産量の減少によって､食糧不足が起きたり､都市･工業インフラの破壊によって､経済に悪影響が及んだりする。

▼

⑤ 幸福機会の減少
食糧や水へのアクセス､安全や治安､教育や雇用といった個人が幸福になるために必要な機会が減少する。

地球環境問題についても、異常気象による被害といった直接的なことだけでなく、社会の不安定化を経て、私たちの幸福機会を減少させることが大きなリスクになります。

て食糧生産量が低下すれば（食糧価格の高騰)、多くの人が食糧を手にする機会を失ってしまいます。つまり、地球環境の変化が個人の幸福機会を減少させることにつながるのです。例えば、2005～2006年に起きたオーストラリアの大干ばつでは、小麦の生産量が例年の４割程度となり、この影響で小麦の市場価格が高騰し、日本にも影響がありました。こうした異常気象による被害が毎年のように続けば、絶対的な食糧不足になることも考えられます。

以下、５つのプロセスを順に少し詳しく説明します。

① 地球環境への人為的作用

人間社会が地球環境からサービスを受けるということは、地球環境に対して何らかの作用、物理的影響を与えていることにもなります。例えば、素材供給サービスとして木材を得ていることは、森林の木を減少させることですし、エネルギー供給サービスとして化石燃料を利用することは、二酸化炭素を大気中に大量に排出することです。人間が文明を持ち始めたころの人間社会が地球環境に与える作用は、地球環境の規模に比べてかなり小さいものでありましたが、現在では人間社会の規模が拡大するとともに、地球環境サービスの利用量、すなわち地球環境への人為的作用も増大しています。

② 地球環境の変化

現在の人間社会が地球環境へ与えている作用は、地球環境を変化させる規模に至っています。例えば、二酸化炭素などの温室効果ガスの排出は、地球の平均気温を上昇させていますし、イワシやカツオなど魚の捕り過ぎで海洋生態系ピラミッドの形を扁平にしています。地球環境が変化してしまうのは、地球環境に有限性と脆弱性という２つの性質があります。まず、有限性とは、ストックが枯渇していくことです。これは、森林資源や地下資源を消費し続けた結果、地球環境に元来あったストックを枯渇させてしまうことうことです。もう１つの脆弱性とは、システムのバランスを崩すことです。気候や生態系といった絶妙なバランスの上で成り立っているシステムがちょっとした作用で大きく変化することがあり、人間社会の小さな作用でも地球環境のバランスを崩すことで大きな変化が起きることもあるのです。

③ 地球環境サービスの減少

地球環境の変化によって、人間社会へ提供されている地球環境サービスの質や量が変化することがあります。化石燃料が枯渇すれば化石燃料というエネルギー資源を使えなくなりますし、砂漠化すればその土地の生産能力という食糧供給サービスは享受できなくなります。そもそも、人間社会は地球環境という基盤の上に成り立っていますので、地球環境が変化すれば、人間社会に影響が及ぶのは当然とも言えます。

④ 人間社会の不安定化

地球環境サービスの低下によって幸福機会が減少したり、近い将来的に減少すると判明したりした場合、それを防ごうとするのが人間というものです。そのとき、特定の国家や企業などの組織が資源を占有したり、機会の格差を放置したりする可能性があります。特に生存に関わる食料不足や現在の文化的社会を支えているエネルギー源については、その奪い合いが起こることが容易に想像できます。そして、現在の社会情勢や武力の存在、国家間の不信感、機会の格差などを考えれば、地球環境サービスの低下が戦争や紛争の勃発、犯罪の増加、経済混乱につながる可能性は小さくはありません。

世界各地で異常気象が発生し、食糧生産量が減少すれば、食料価格が急騰しますし、同時期に複数の油田での生産量が低下し、石油供給量が減少すれば、石油価格が急騰するでしょう。食糧やエネルギー資源は、社会において必須のものですので、それらの価格急騰によって市場での取引ができなくなり、現在の市場経済そのものの根幹が揺らぐことも考えられます。そうなれば、多くの個人へ食糧もエネルギーも行き届かなくなります。農業生産が経済基盤となっている国で異常気象による生産量減少が起きれば、その国の経済が破綻して、それをきっかけに世界的な経済混乱を引き起こす可能性もあります。そもそも、現在の経済システムというものは、無条件に存在する地球環境サービスを前提としていますので、地球環境サービスが低下すれば、経済システム自体が崩れることも当然です。

食糧が手に入らなくなれば、人は生きていくために、どんな手段を使ってでも食糧を手に入れようとします。食糧を盗んだり、そのために他人を殺傷したりすることもあるでしょう。そうした犯罪が増えていくことによる社会の不安定化も考えられます。そして、戦争や紛争が勃発するリスクも高まります。戦争をしそうにない国でも、食糧も満足に手に入らなくなれば、世論が戦争を支持する可能性は十分にあります。過去の歴史を見ても、その多くの戦争は、食糧（生産のための土地や水）もしくは石油をめぐってのものがほとんどですので、食糧やエネルギー資源が不足した人間社会において、戦争や紛争が勃発していくことは容易に想像できます。

経済混乱、犯罪多発、戦争といった社会の不安定化は、雇用や教育や福祉などの機会をも減少させ、それによってさらに社会を不安定化させることになります。

⑤ 幸福機会の減少

社会の不安定化によって、より多くの個人がより多くの幸福機会を失うことになります。食糧が行き届かなくなった人は、生きていくこともできなくなります。戦争や紛争が勃発すれば、また治安が悪くなり犯罪が横行すれば、いつ命を落とすか分からなくなり安全ではありません。そして、１人あたりの食糧やエネルギーなど資源が少なくなれば、教育や社会保障といった機会がすべての人に十分に分配することも難しくなりますし、経済の不安定化で雇用の機会も減ってしまいます。教育や雇用といった機会の平等が失われれば、自分の能力や努力を発揮することもできません。

社会の不安定化という社会的要因は、個人の能力や努力ではどうしようもできないことであり、それによって個人が幸福になれない社会になってしまいます。そして、社会的要因で幸福機会が奪われた個人が犯罪をしたり、戦争に賛成したりすることで、さらに社会の不安定化が進んでしまうことになるのです。

このように、私たち人間社会が地球環境に人為的作用を及ぼすことで、最終的には私たちの幸福機会が減少してしまうのです。このメカニズムを理解することで、各過程におけるリスクを最小化するように対策を考えることが可能になります。メカニズムの理解が問題解決の第一歩になるのです。

■ 幸福機会とは

メカニズムの中で「幸福機会の減少」がありますが、「幸福機会」という概念が一般的ではないと思われますので、まずは、この「幸福機会」について具体的に考えていきたいと思います。個人の生きる目的を「幸せになること」と仮定すると、社会は、個人の努力や能力によって、個人が幸せになれる環境を与えることが役割となります。「何が幸せか」「幸せになるために何が必要か」といった考えは個人によって様々ですが、少なくとも社会全体が目指す方向としては「より多くの個人がより幸せになること」と仮定できるかと思います。ただ、個人が「幸せになる」ことは、個人的な能力や努力、時の運によるところも大きく、社会が個人の幸福のために何を提供すべきか個人の考え方にも差があります。そこで、今回は、個人の努力でもどうしようもない要因で幸福になれない要素を考えていきます。また、幸福に対する考え方も様々なものがありますが、今回は、マズローの段階欲求の考え方を参考にしたいと思います。

マズローの段階欲求とは、「①生理的欲求」「②安全欲求」「③所属と愛の欲求」「④尊重欲求」「⑤自己実現欲求」の欲求の下位が満たされることで次の欲求が生じるという考え方です。それぞれの欲求は、以下のとおりです。

① 生理的欲求･･･生きていくために必要な、食物、水、空気、性といった生理的な欲求。
② 安全欲求･･･身の安全が保たれ、安心して暮らしたいという欲求。
③ 所属と愛の欲求･･･親や仲間からの愛情を受けたいという欲求。
④ 尊重欲求･･･他人から価値ある存在と認められ、尊重し合いたいという欲求。
⑤ 自己実現欲求･･･自分の能力や可能性の発揮、創造的活動、自己成長、社会還元をしたいという欲求。

生理的欲求から尊重欲求は、必要を満たすという意味で欠乏欲求と言います。これが満たされることで初めて、自己実現欲求も湧いてくるとマズローは説明しています。また、自己実現というものは、社会への還元をもって欲求の満足感を得られるものです。つまり、自分の能力や努力によって、社会に価値を提供することで、その社会の反応に対して喜びを感じるというものです。

この５つの欲求を社会環境に言い換えると、次のようになります。生理的欲求⇒「食糧や水などが安定して手に入れられ生きていける社会」、安全欲求⇒「戦争や犯罪がなく安全に暮らせる社会」、所属と愛の欲求⇒「教育や雇用などの機会が平等にある社会」、尊重欲求⇒「他人に認められる役割が与えられる社会」、自己実現欲求⇒「自分の能力によって社会の発展に貢献できる社会」。そして、最初の３つの欲求は、個人の努力や能力以上に社会から機会として提供されるかで満たされるかが決まります。つまり、食糧などがなく「生存できない」、戦争などがあっていつ命を落とすかも分からなく「安全でない」、教育も受けることができず「機会が平等でない」という社会環境では、それらの欲求は個人で努力しても満たされず、個人がその能力を発揮し、幸せに暮らすことはできません。つまり、最低限目指すべき社会は、より多くの人が「生存できる」「安全である」「機会が平等である」という社会と言えます。具体的に言えば、「食糧や水などが安定して手に入れられる」「戦争や犯罪がなく安全に暮らせる」「教育や雇用などの機会が平等にある」という社会なのです。

ただし、この３つの最低限の条件を満たす社会をつくるためには、その３つの条件を満たす社会をつくる人材や資源が必要です。それだけの人材や資源を確保し、人材や資源によって生み出せる社会的価値を大きくするためには、個人が能力に合わせて役割分担でき、自分の能力を発揮し、社会の発展に役立つことができるようにしなければなりません。つまり、目指す社会の最低条件を満たすためにも、より高度に発展させた社会的要素として「役割分担」「個人の社会還元」が必要だと言えます。「役割分担」とは、個人はその役割を果たすことで社会はより効率的により多くすることが可能になることで、「個人の社会還元」とは、個人がその能力や努力を社会に還元し、社会価値を高めることができることです。この２つの要素が達成されることで、より多くの人が「生存できる」「安全である」「機会が平等である」という社会にしていくことができるのだと言えます。つまり、基本的な３つの社会条件が満たされていない人には、その社会環境を変えることは難しいため、基本的な３つの社会条件を満たすためにも、より高次な社会発展として、より多くの個人が「役割分担」「個人の社会還元」できていることが必要であり、そうなるための発展も目指す必要があります。

幸福機会とは、マズローの段階欲求に即して考えると、「食糧や水などが安定して手に入れられる社会」「戦争や犯罪がなく安全に暮らせる社会」「教育や雇用などの機会が平等にある社会」「役割分担ができ、お互いに認め合える社会」「個人の能力や努力が発揮され、社会に価値を還元できる社会」と言えます。そして、最初の３つについては、地球環境サービスの低下によって、その機会が減少してしまう可能性が高いのです。

■ 地球環境

持続不可能性のメカニズムをより詳しく知るためには、私たちが地球環境のことを理解する必要があります。例えば、地球温暖化では、大気や海洋に物理法則を当てはめ、それをコンピュータで計算することで、将来の気温や気候の変化を予想することが可能になっています。こうした予想が、政策にも反映されて、気候変動対策の国際条約が実現しているのです。もちろん、複雑な地球環境のすべてを理解することはできませんが、できるだけ理解することは、私たちの幸福機会を減らさないために必要なことです。

地球は、太陽系第３惑星であり、液体の水を有し、生態系を有し、文明を発達させた人類が存在しています。人間の視点から地球を説明すると、“地球は、生きていくために欠かせない水があり、食糧を得るための生態系があり、文明を支える化石燃料などのエネルギー、木材などの材料資源を提供してくれる星である”と言えます。そうした人間が暮らす環境の名が「地球」です。

地球とはどのような環境なのか、地球の歴史を簡単に紹介しながら、理解を深めていきたいと思います。地球は、46億年前、太陽系の誕生とともに誕生しました。初めの地球は、太陽系内に漂う小さな惑星がどんどん衝突していたので、そのエネルギーによって高温となってドロドロのマグマ状態でありました。また、軽い物質の多くがガスとなり、熱くて厚い大気を形成していました。しかし、小惑星の衝突も少なくなり、地表温度も下がり、大気温度も下がると、大気中の水蒸気が雨となって地表に降り、海が誕生したのです。地球内部では、重い鉄などが中心に沈んでコアを形成し、そのまわりにマグマ状のマントル、そして海によって冷やされた表面に玄武岩からなる地殻ができ、水と玄武岩がマントルで溶かされることで軽い花崗岩が生成し、大陸が誕生しました。こうした地殻や大陸の形成の中で物質の偏りができて、現在私たちが利用している希少金属や宝石が生まれました。また、コアがあることで地場が生じ、太陽風（生物の細胞や遺伝子などを壊してしまうプラズマ粒子の流れ）を地表に届かなくしています。

また、海が誕生すると、海底の熱水噴出孔付近で硫化水素やメタンをエネルギー源とするようなバクテリアが誕生し、27億年前、光合成をすることのできるシアノバクテリアの登場によって、大気中の二酸化炭素は減少し、酸素ができるようになりました。なお、このときの酸素によって海水中の鉄が酸化鉄として沈殿したものが、私たちが使っている鉄の原料である鉄鉱石です。そして、温室効果のある二酸化炭素が減ったことで、大気温度は現在に近い状態になりました。

6億年前、それまで微生物しかいませんでしたが、海洋中での酸素濃度の上昇によって効率的にエネルギーを得ることができるようになり、1～30cm程度の大型生物が現れるようになりました。そして、5億5000万年前、体長60cmにもなる肉食動物アノマロカリスをはじめとする多様な生物が現れ、大繁栄しました。これがカンブリア大爆発です。

そして、私たち人間の先祖でもある脊椎動物もこのときに誕生しています。

強い紫外線は遺伝子を壊してしまうため、陸上では生物が生きていけない環境でありましたが、大気中の酸素濃度が高まったことから成層圏にオゾン層ができ、地表へ降り注ぐ紫外線量が減ったことで、陸上でも生物が生きていけるようになりました。5億年前、湿地などの水分のある場所から植物が陸上へ進出し、シダ類が進化していき、3億年前ころには大森林が世界中に形成されるまで生態系が広がりました。そのときの植物の屍骸が土砂に埋もれて、炭化し、現在私たちの利用している石炭となっています。動物も陸上へ進出し、爬虫類、恐竜、哺乳類と、生物は多様な進化による繁栄と絶滅を繰り返してきました。そして、人類が誕生したのです。

地球環境におけるエネルギー源についても理解しておきましょう。地球環境におけるエネルギー源は、基本的に3つ、太陽光、地熱、放射性物質があります。太陽光は、地球環境に降り注がれて、様々な形に変わっていきます。大地や海洋を暖めることで、風が生じ、雲ができ雨が降ります。つまり、風力や水力といった自然エネルギーも元をたどれば、太陽光エネルギーなのです。また、植物が光合成によって、太陽光エネルギー有機物を生産します。そして、この有機物をエネルギー源に、植物は生きています。動物は植物を食べて、さらには動物を食べて、エネルギー源にして活動しています。人が走ったり、笑ったりするためのエネルギー源も太陽光エネルギーなのです。

地熱は、地球誕生の際に小惑星衝突で溜まった熱であり、地球はそれ以来、冷め続けています。この冷めていくときの熱移動、地中と宇宙の間の温度差を人間は利用することができます。温泉は最も身近な例です。発電も可能で、火山の島国アイスランドでは、電力需要のほとんどを地熱発電でまかなっています。地殻運動も地熱によるもので、地熱が宇宙へその熱を放出する際に起こる現象です。冷めていく味噌汁が模様をつくるのと同じなのです。

放射性物質としては、ウラン中に0.72%含まれている同位体ウラン235があります。ウラン235は、天然に産出し、唯一実用化されている核分裂核種です。世界各地から産出するウラン鉱石を精錬し、加工することで核燃料を製造し、それを利用して原子力発電ができます。

図A-3は、米国スタンフォード大学のプロジェクトが作成した地球環境におけるエネルギーフローです。これからも分かるとおり、人間の利用できるエネルギーのほとんどが太陽光なのです。

地球の歴史とエネルギー源を通して地球環境についての理解を深めてきましたが、他にも、地球物理、生態学、気候学、地質資源など、理解しておきたいことは多くあります。とはいえ、さすがにカーボンニュートラルから脱線しすぎなので、止めておきます。とにかく言えることは、地球環境があって初めて人間社会が存在するのです。そして、自分たち

図A-3　地球のエネルギーフロー

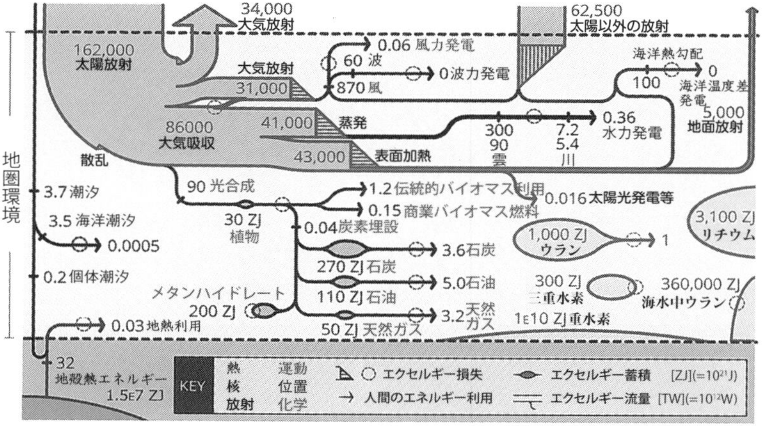

「ZJ」と付かない数値は、エネルギーフローで、単位はTW。1TWは、100万kWの発電所1,000基分に相当します。
「ZJ」とつく数値は、ストックの量で、1ZJは、20万トンタンカー12万隻分の石油のエネルギー量に相当します。

出典：https://stem.guide/topic/global-energy-flows-and-reservoirs/ の図を自然電力が和訳

の置かれている環境をここまで理解できる生物の存在、つまり人間の存在こそが、地球の最大の特徴なのかもしれません。地球環境には人間社会が存在しているのです。

■ 有限な地球環境

地球には大きさがあります。その地球が有する石油や鉄鉱石といった地下資源の量は有限です。また、生態系には、太陽光エネルギーから植物が光合成にて有機物を作りだすという生産能力があり、そうして生産される農作物や木材などの生態系資源も、年間に地球に降り注ぐ太陽光の量にも限りがあるから、その生産量も有限です。人間社会が排出する有害物質を浄化できる能力も、二酸化炭素を酸素に変える能力も有限です。つまり、大きさの決まった地球環境においては、人間社会が利用できる地球環境サービスも無限ではなく、限りがあるということです。当たり前なことですが、この認識が持続不可能性を理解する上で基本となります。

地球環境の有限性をいくつかの例で定量的に示していきましょう。生態系の生産能力である年間の純生産量は、乾燥重量にて陸上で1,150億トン、海洋で550億トンの合計 1,700億トンと推定されています。ただ、人間社会がこのすべてを利用することはできません。陸上の場合、すべての植物の生長した分が1,150億トンですので、このうち人間社会にとって、有用な植物はごく一部ですし、使える部分もごくわずかです。海洋の場合は、植物プランクトンの状態で550億トンであり、人間が利用できる魚の状態になるには、10～100分の１の量になるでしょう。農業によって自然生態系よりも高い生産量を得ることも可能ですが、世界の陸地面積134億 haのうち、耕作可能な土地は26億 haしかなく、さらに生産性の高い農地は6.3億 haと限られています。森林資源も面積にして39億 haと限られています。鉄やアルミなどの金属は、地表中に一定の割合で存在しています。例えば、金の場合、約0.0000005％存在するので、陸地の深さ３kmまでに含まれる金は、世界全体で1,610億トンになります。しかし、人間社会が利用できるのは鉱床のように含有率の高い石だけで、金ならば９万トンと限られています。石油は、地質学的には７兆バレル存在すると推定されていますが、地層中に存在する密度の低さなどで物理的に回収可能な量は最大でも３兆バレルと言われています。そのうちの7,300億バレルはすでに採掘していますので、残りは最大で2.3兆バレルです。

■ 脆弱な地球環境

地球環境の規模は、私たち一人ひとりと比べると、あまりにも大きく、私たちが何をしても、変化がない、安定した存在のように感じられます。しかし、実際には、地球環境というものは、脆弱なものです。より正確に言うと、地球環境は、絶妙なバランスで保たれており、地球環境へ小さな作用を及ぼしただけで、地球環境に大きな変化が起きる可能性があります。イメージとしては、巨大なシーソーの片方に体重がちょうど600kgのインドゾウを乗せ、もう片方に同じ重さになるよう60万枚の１円玉を置いたとき、シーソーは釣り合いますが、60万枚の１円玉の方に１円玉を追加で置いていけば、その枚数が小さくても、シーソーが大きく傾いてしまうようなことです。そうした現象は実際の地球環境でも起きています。その１つに地球温暖化があります。人間社会が大量の温室効果ガスを排出することによって、実際に地域によっては気候が大きく変化してきており、気候の脆弱性を証明するに至っています。地球全体での大気と海洋、陸上生態系、土壌との間の二酸化炭素のやり取りは、炭素換算で年間約900億トンもあります。それに比べ、人間社会が化石燃料の燃焼で放出する二酸化炭素は、炭素換算で年間約７億トンと小さいものです。産業革命前に比べ、大気全体の量に比べ、たった約0.0001％の二酸化炭素が増えただけです。そして、地球全体で平均0.72℃という温度上昇にも関わらず、地球全体の気候バランスを崩し、地域的には異常気象の多発など大きな気候の変化をもたらし、多くの被害を出しています。１つの火山噴火が世界中の飢饉を引き起こすような気候変化をもたらすこともよく知られています。噴火で巻き上げられた火山灰が太陽光を遮蔽するために、世界全体が寒冷化するのです。1783年、アイスランドのラキ火山噴火は、日本では天明の大飢饉、ヨーロッパ全土では冷夏をもたらし、フランス革命のきっかけとなりました。地球の気候システムは、絶妙なバランスで現在のような状態が保たれているのです。

このように、地球環境サービスの量が地球全体で100あったとしても、人間社会が利用する地球環境サービスの量がたった１変化することによって、地球環境が変化し、地球環境から提供される地球環境サービスの量が50に減ってしまうこともあり得るのです。それは、気候システムだけでなく、生態系でも同じです。人がオオカミを駆除したことで、野生のシカが増えすぎて、木の皮が食べられて、森林が枯れてしまったという事例もあります。

地球環境は、人類にとってまだまだ未知な部分が多いということも、地球環境の有限性や脆弱性を考える上で、知っておきたい事実です。つまり、地球環境のことを十分に知らないため、その有限性や脆弱性も正確に把握できないのです。気候に関しては、この20年で急速に理解が進展してきましたが、それでも今後の予想となると不確実性は大きいものです。生態系については、気候よりもはるかに複雑であり、その営みをコンピュータシミュレーションで計算できる見込みはありません。人間は、人間が地球環境に及ぼす作用の結果、地球環境がどのような反応をするのか予想しきれないのです。

地球の有限性と脆弱性から言えることは、“地球環境は、有限かつ脆弱であり、人間社会が利用できる地球環境サービスの量に限りがある”ということです。

■ 地球環境サービス

私たち人間社会は、地球環境から様々なサービスを享受することで、その文明的な社会を発展させてきています。その地球環境から人間社会に提供されているサービスが具体的にどんなものか整理しておきたいと思います。

本来は、地球環境のなかに人間社会が存在していますが、ここでは、敢えて地球環境と人間社会を切り離してみて、その間にある関係性について考えてみたいと思います。なお、「地球」に「環境」を付けているのは、物理的に存在している天文としての“地球”ではなく、人類のまわりを包む外界としての“地球”という意味です。ここでいう「地球環境」の範囲は、「人間の手の届く範囲、人間社会が利用している空間で、そこにある物質、その物質間の関係をすべて含んだすべて」ということです。空間的な範囲としては、地球の地殻から大気圏までといったところでしょう。つまり、「地球」ではなく「地球環境」と言うのは、宇宙からの視点ではなく、人間からの視点で地球を見ているということです。

また、「人間（個人）と地球環境」ではなく、「人間社会と地球環境」で考えていきます。その理由の1つは、個人は、地球から様々なサービスを享受していますが、基本的にそのほとんどが人間社会の様々な要素や関係を経由して個人に届けられることから、地球環境に対する“取引先”は人間社会であることにします。もう1つの理由は、現在起きている、将来起きる問題の多くは個人では解決できない、社会的要因がそのほとんどであると考えられるからです。

地球環境と人間環境との間のやりとりは、地球環境から人間社会に様々な資源が供給されたり、人間社会が地球環境に廃棄物を排出したりしています（**図A-4**）。その資源とは、食糧、暖をとったり調理のための燃料、服や家など道具の素材など、物質やエネルギーのことです。一方、それらの物質やエネルギーのフローは、人間社会がその存続のために必要としていますので、それらのやりとりのすべてを人間社会から見て、地球環境から提供してもらっている「地球環境サービス」と言うことにします。

人間社会が享受している地球環境サービスには、様々なものがありますが、具体的にイメージできるよう、6つに整理してみました（**図A-5**）。

図A-4　地球環境と人間社会の関係

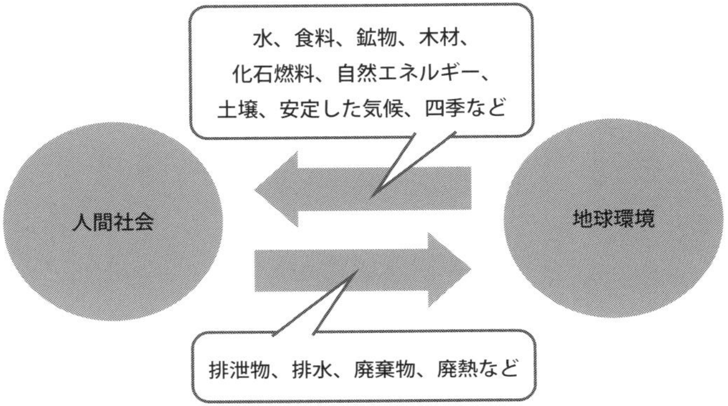

物質やエネルギーのやりとりと地球環境の機能の利用
人間社会と人間社会との間には、物質・エネルギーのやりとりがあったり、人間社会が地球環境の機能を利用したりしています。

図A-5　地球環境サービスの具体例

基盤サービス	酸素、土壌、淡水 紫外線や宇宙線からの保護
食糧供給サービス	農地、家畜、水産資源、狩猟、採取 リン鉱石、カリ鉱石
エネルギー供給サービス	化石燃料、ウラン鉱石、地熱、太陽熱 木材、家畜
素材供給サービス	木材、農地（アブラヤシ、綿、蚕など） 石材、鉄、非鉄金属、レアメタル、石灰
浄化・廃棄空間サービス	水の浄化 糞尿や屍骸、有機性廃棄物の分解
文化的サービス	レクリエーション、景観、宗教

人間社会は、このような地球環境サービスを享受しています。

〔基盤サービス〕

地球には、他の惑星にはない特徴があります。液体の水があり、海、川、雨があります。さらには、酸素の多い大気があり、紫外線を遮断するオゾン層があります。また、地球の地場の存在によって、太陽風という放射能が地表に直接降り注ぐことがありません。平均15℃で安定した気候も地球の特徴です。そうした地球の特別な性質が、生態系を支えています。それらは、人間が暮らしていくためにも、もちろん必要なサービスです。

〔食糧供給サービス〕

人は、動物であり、生きていくために食糧が必要です。そして、食糧を地球環境から手に入れています。より具体的に説明すれば、自然生態系から食糧を採取したり、人の手によって改造された生態系（人為生態系）を利用して食糧を生産したりしています。さらに、現在の農業では、化学肥料や化石燃料を利用し、単位面積当たり、労働力当たりより多くの収量を得ることに成功しています。そうした化学肥料の原料となるリン鉱石やカリ鉱石、農機を動かすための化石燃料は、もちろん地球環境から採掘している資源であり、それも食糧を得るために必要な地球環境サービスです。

〔エネルギー供給サービス〕

人間は、多くのエネルギーを利用しています。そして、そのすべてのエネルギー源は、地球環境に由来しています。人間は、自分の運動だけではなく、家畜や内燃機関といった道具を利用し、移動したり、物を運んだりしています。かつては、家畜を利用し、川の流れや風を利用していました。現在では、移動や輸送に必要なエネルギー源のほとんどが化石燃料です。また、人間は、熱を利用し、暖をとったり、料理をしたり、道具を作ったりしています。それらのエネルギー源は、かつては木材、現在では化石燃料がほとんどを占めています。人間が利用するエネルギーは、自分の食事から原子力発電まで、すべてが地球環境から得たエネルギーなのです。

〔**素材供給サービス**〕

人間は、道具を使います。服を着て、家に暮らし、料理を作り、遠くに移動して･･･、そのすべてに道具が必要です。そして、その道具を作るための素材は、地球環境から得ています。つまり、人間社会は、素材のための資源を地球環境から享受しています。木材、石材、金属、繊維など、そして、それから製造された東京タワー、航空機、プラスチック容器など自然とは明らかに違った雰囲気を持ったそのモノたちも、実はすべて地球環境から供給されたモノなのです。

〔**浄化・廃棄空間サービス**〕

人間は、排泄をします。道具も使えなくなれば、ゴミになりますし、道具を作るときにもゴミが出ます。人間社会は、大量の廃棄物を排出しています。その廃棄物を生活する空間に溜め続けては、腐敗して健康被害が出たり、要らない物であふれて邪魔になったりします。そこで、廃棄物を地球環境に放出します。し尿や生ゴミなどは、その負荷が生態系の許容量より小さければ、浄化や分解をしてくれます。生態系が浄化・分解できない場合は、下水処理や排ガス処理など技術によって地球環境が許容できる状態、人間に健康被害が出ないような状態にして放出したり、生活から離れた場所に埋め立てたりしています。

〔**文化的サービス**〕

人間は、休暇には自然の中で遊び、自然が作り出した景観にただ感心することがあります。また、多くの宗教にとって、自然が心のよりどころともなっています。このように現在の文化的な私たちの暮らしは、地球環境の文化的サービスを享受していると言えます。

■ 拡大する人間社会

人類は、人口を増加させています（**図A-6**）。そして、1人当たりのエネルギー利用量や工業製品の消費量も大きく増加させています。例えば、原始人は、自分が食べる分だけのエネルギー約2,500kcal/日を消費していましたが、現代人は、化石燃料の利用等でその100倍の約250,000kcal/日を消費しています。この結果、人間社会全体のエネルギーや物質のフローやストックは、増加しています。つまり、人間社会は、物理的に拡大しているのです。

この結果、人間社会が必要としている地球環境サービスの量も増加しています。逆に言えば、それだけの地球環境サービスに支えられて、人間社会の物理的拡大も可能なのです。人間社会が利用する地球環境サービス量が増大していることを示すデータをいくつか示します。

人口が増えれば、当然、必要な食糧が増えます。その分の食糧を得る

図A-6　世界人口の増加

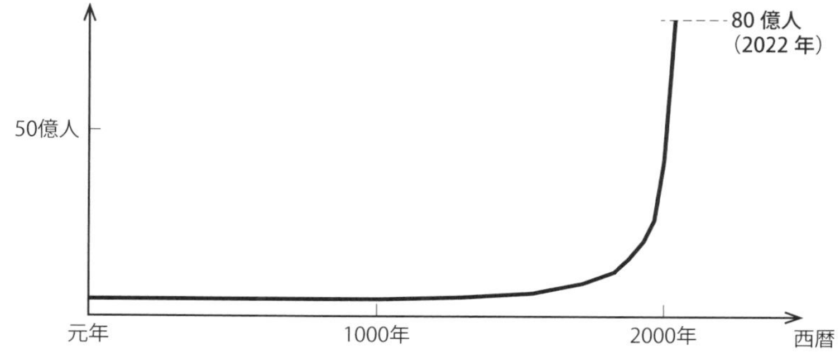

過去の世界人口の推移。西暦1000年には、3億人程度しかいませんでしたが、1500年に5億人、1800年に10億人、2000年に60億人と急増。

出典：The World at Six Billion　（UN）と国連人口部のデータより自然電力が作成

ため、農作物を育てる耕作地や家畜を育てるための牧草地も増やし、漁獲量も増やしてきました。ただし、耕作地に関しては、農業技術の発達によって、単位面積あたりの収穫量（単収）も増えていることから、単純に人口増加に比例して農地面積が増えているわけではありません。特に、ここ50年ほどでの単収増加は著しく、1961年から2005年にかけての伸びは穀物全体で2.4倍となっています。この単収の伸びは、品種、用水、機械、肥料、農薬の発達によるものでありますが、これが人類の英知によるものであると同時に、化学肥料の原料となる鉱物や機械を動かすための化石燃料など、農地以外の地球環境サービスの利用を増加させているのです。

エネルギーの消費量の増加は、主に化石燃料の利用量増加によってもたらされています。移動のための自動車、船舶、航空機、家庭や商業施設の厨房、暖房、照明、家電、オフィス機器などを動かすにために化石燃料由来の燃料や電力が使われています。需要の増加によって、化石燃料の生産量も増加しています。化石燃料は、「生産」と言っても、地中の化石燃料の量を増やしているわけではなく、地中から掘り出しているだけです。

化石燃料を燃焼させれば、二酸化炭素が排出されます。二酸化炭素は、赤外線を吸収しやすいので、大気を暖める作用があり、温室効果ガスと言われています。そのほかにも工業製品や製造過程で使われるフロンガスや化学肥料の利用による二酸化一窒素、森林破壊による二酸化炭素などが温室効果ガスとして、人間社会から排出されています。

このように人間社会は、物理的な拡大を続けています。それにともなって、利用する地球環境サービスの量も増加しているのです。人間社会は、食糧やエネルギーの供給や浄化機能などの地球環境サービスを提供されて初めて、物理的にも活動できるのですから、人間社会の物理的拡大が、人間社会が利用する地球環境サービスの量の拡大となります。もちろん、技術発展や社会の仕組みによって効率を高めて、地球環境サービスの量を減らすことも可能です。ただ、現時点では人類全体として、地球環境サービスの利用量が増大し続けていることは、明らかな事実です。人間社会は、物理的に拡大し続けており、享受する地球環境サービスの量を増やし続けているのです。

■ 拡大する人間社会＋有限で脆弱な地球環境⇒社会の不安定化

“人間社会は、物理的に拡大し続けており、利用する地球環境サービスの量を増やしている”という事実と“地球環境は、有限かつ脆弱であり、人間社会が利用できる地球環境サービスの量に限りがある”という事実を考え合わせれば、“現在の人間社会は、地球環境において持続不可能な状態にある”という事実が単純に導き出されます（**図 A-7**）。一言にまとめれば、“有限な地球環境において、物理的に拡大していく人間社

図 A-7　持続不可能な人間社会

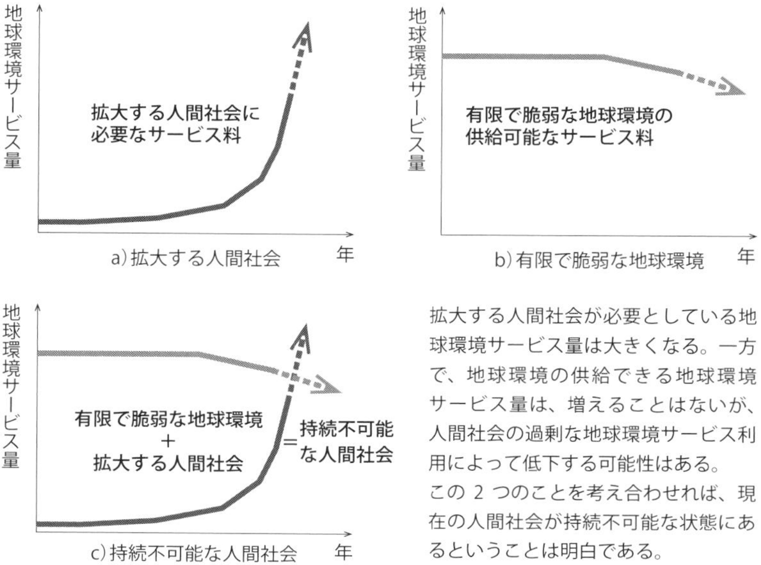

拡大する人間社会が必要としている地球環境サービス量は大きくなる。一方で、地球環境の供給できる地球環境サービス量は、増えることはないが、人間社会の過剰な地球環境サービス利用によって低下する可能性はある。
この 2 つのことを考え合わせれば、現在の人間社会が持続不可能な状態にあるということは明白である。

会は、持続不可能である”ということです。

これは、貯金があっても借金し続ければ、いつかは尽きるし（有限性）、将棋駒の山も下の駒を取り続ければ、いつか山も崩れる（脆弱性）ということと同じです。つまり、地球環境の地下資源という“貯金”や生態系という“将棋駒の山”を人間社会が取り崩して利用しているわけです。

この結論は、特別に新しい発見ではなく、ローマクラブの「成長の限界」以来、多くの科学者などが言ってきたことです。それを簡単なメカニズムで説明しただけです。それを敢えて、ここで説明したのは、“現在の人間社会は、地球環境において持続不可能な状態にある”という事実をメカニズムで捉えること、これが産業革命以降の人類にとって最大の課題であること、そして、この課題を解決していくことが人類の発展の方向性だということを理解していただきたかったのです。人の幸せは、一人ひとりの努力や運によって実現されるものですが、それは社会からその機会が提供されて初めて実現できるものです。

この持続不可能性を人間社会と地球環境の関係性で考えてみましょう（**図A-8**）。人間社会は、地球環境サービスを享受していますが、その利用の結果、地球環境に影響を及ぼしていることがあります。例えば、化石燃料を利用することで、その埋蔵量は一方的に減っていきますし、その結果、温室効果ガスである二酸化炭素を排出していることも地球環境へ影響を与えています。それらは、人間社会が地球環境に物理的作用を及ぼしているということです。その作用が地球環境の規模に対して、十分に小さい場合には、地球環境が変化する可能性は小さいですが、現在の人間社会が与えている影響の規模は、地球環境を変化させてしまうほどになっています。その人為的作用による地球環境の変化によって、私たちが当たり前のように享受していた地球環境サービスの供給可能量が低下することがあります。化石燃料は枯渇すれば、“化石燃料によるエネルギーや素材”というサービスは受けられないですし、温室効果ガスによる地球温暖化で“安定した気候”というサービスは受けられなくなります。この「①地球環境への人為的作用」「②地球環境の変化」「③地

図A-8　持続不可能性のメカニズム

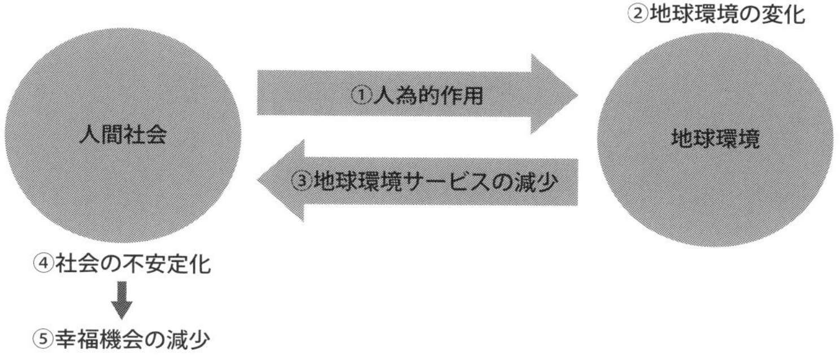

私たちが地球環境に与えた人為的作用によって、私たちの幸福機会が減少してしまうメカニズムが存在する。

球環境サービスの低下」が現在の人間社会と地球環境の間で起きている現象であり、このままで行けば、人間社会が十分な地球環境サービスを享受できなくなり、文化的社会を維持できなくなってしまうのです。これが“持続不可能性のメカニズム”です。

持続不可能性について、具体的な例で考えていきましょう。例えば、地球温暖化ですが、人間社会は、二酸化炭素などの温室効果ガスを大量に排出することで、気候のバランスをも崩しています。世界中の地球温暖化に関する研究を評価し、取りまとめたIPCC（気候変動に関する政府間パネル）の報告書によると、ここ50年の気温上昇は、人為的な温室効果ガスの排出が原因であるとほぼ断定しています。地球の歴史上にはなかったような急激な温度上昇によって、気候が不安定化し、より甚大な異常気象が発生しやすくなっています。熱波、長期的な干ばつ、巨大な熱帯気圧、高潮などが都市インフラや工業地などを破壊します。特に、農業への影響は、人間が生きるために絶対不可欠な食糧に関するだけに重要です。すでに、2005～2007年の世界の穀物生産量は低くなっていますが、この主な原因は、オーストラリアの干ばつをはじめとする異常気象の被害によるものです。そして、こうした被害は、今後ますます頻度が増え、規模も大きいものになっていく可能性が高いと報告されています。

貧困が多いアフリカの半乾燥地帯では、乾燥化が進行すると予想されています。そうなれば、食糧生産ができなくなり、現在の貧困問題をより助長することになるでしょう。紛争への火種も多い地域だけに、人道的問題へと発展する可能性が高いです。そして、温暖化が進行すれば、こうした問題は、アフリカだけに限らず、世界中で、世界規模で発生し、日本も無関係ではいられないのです。

人間社会は、生態系をも使い尽くそうという勢いです。生態系の生産能力に限度があるのに対し、人間社会の需要が高まり続けているため、将来的には、生態系によって生産される資源も人間社会に必要なだけ手に入れられなくなる可能性が高いと思われます。確かに、化学肥料、品種改良や遺伝子組み換え、機械化などの農業技術の向上もあって、単収（土地面積当たりの生産量）を高めることができていますが、今後はその伸びも期待できないことから、増える需要には追いつかないようになります。

さらに、人間社会の開発によって、生態系の生産能力が失われている地域も多いです。例えば、中国やモンゴルなどで、過放牧によって、家畜が草の根まで食べてしまうことで、砂漠が広がっています。また、世界的に需要増加の結果、本来農作に適さない土地も利用されています。そのような土地でも現在の農業技術、灌漑や肥料によって農業として成り立たせることができますが、有機分の分解、特定養分の喪失、灌漑による塩類集積や地下水の枯渇などによって、いつかは生産性が減少してしまう可能性があります。カザフスタンとウズベキスタンにまたがるアラル海の周辺地域は、最も顕著な例です。ソ連時代の「アラル海プロジェクト」によって、周辺地域の荒野にアラル海から灌漑用水をひいて、綿花を中心とした大規模農場が造成されました。しかし、現在ではアラル海の４分の３の水は失われ、周辺の灌漑農地の30～80％が塩害を受けています。

このように生態系の生産能力が失われていき、食糧の供給量が不足すれば、食料価格が高騰することになります。人間は、自動車よりも遊園地よりも食糧を優先させますので、産業構造も大きく変化し、失業者も増えることになるでしょう。そうなれば、多くの人が満足に食糧も得られなくなり、食糧を得るための犯罪も増えます。そして、食糧をめぐって、国家間の緊張も高まり、戦争や紛争のリスクも高まります。そもそも、人類の戦争の始まりは、農業に適した土地や水源をめぐってのものだったと言われていますが、そうした戦争のリスクが再び大きくなっていくかもしれません。

■社会の不安定化とは

地球環境サービスが減少して、一人ひとりが幸福になる機会も減少してしまうメカニズムとして考えておきたいのが“社会の不安定化”です。もちろん、社会が安定している時代でも、幸福機会が相対的に小さい状況の人はいます。それは、再配分などの社会の制度として解決を目指すべきものです。一方で、社会全体が不安定になると、再配分する余裕もなくなり、全体的に幸福機会が下がってしまい、より多くの人が幸せに暮らせない状態となってしまいます。そこで、社会の不安定化を具体的に考えていきたいと思います。

社会の不安定化とは、社会が急激に変化することで、社会全体として悪い事象が増えてしまうことです。具体的には、貧困層の拡大やそれによる分裂、禁輸などの政策、国家や世界規模での経済破綻、そして、テロ、戦争や紛争などがあります。人類は、これまでもこうしたことが起きるリスクを常に抱えていました。今までも、農業に適した土地といった環境の制約や石油などの資源の制約が原因でしたが、今もそれは存在しており、むしろ、地球環境サービスの低下によって、リスクは高まっていると言えます。

地球環境サービスが低下しても、社会を不安定化させないということも考えられます。例えば、食糧が減った分だけ世界のすべての人が同じだけ食糧を減らせばいいのかもしれません。しかし、実際の人間社会では、武力や機会の格差など、様々な不安定化の要因が存在しており、また、その要因をゼロにすることはできないか、かなり難しいものです。私たちは、そうした要因を抱えていることを知っておくことが重要です。以下に、社会が不安定化する要因について具体的に列挙します。

（武力）

国家間での戦争、民族や政治的集団間での紛争などは、いつ起きるかもしれないという状態にあり、軍隊や兵器の存在や武力行使の意思は存在しています。戦争勃発には様々な理由があるものですが、１つの戦争においても複合的な要因によって勃発するものです。政治主張の違い、民族の違い、宗教の違い、経済状態の違いなどがありますが、ほとんどの戦争で食料資源のための土地や水、エネルギーや金属といった地下資源が関係しています。それは、過去の戦争や紛争を考えても明らかです。弥生時代には水田に適した土地をめぐり、太平洋戦争や中東では石油をめぐり、アフリカの紛争は地下資源をめぐる要因がありました。生態系から豊かな恵みが得られる地域では紛争が少なく、半乾燥地帯など豊かな自然の恵みが得られないような地域で紛争が多いことからも、得られる地球環境サービスと戦争や紛争が無関係ではないと言えます。また、兵器という火種の存在は、軍事産業という側面があります。軍事産業が自らの産業を守ろうとする限り、戦争や紛争が続く力が働き続けるのです。

世界中の多くの人が戦争や紛争がなく、安心して暮らしたいと望んでおり、その願いは遠い過去から続いてきました。しかし、戦争や紛争は後を絶ちません。そう簡単にはゼロにできるものではないことは理解しながらも、戦争や紛争の火種である武力をなるべく小さくしていくことが必要なのでしょう。

（食糧と水へのアクセス）

世界には、十分な食糧や水も手に入れられない状況にいる人たちが多くいます。食糧と水は、生物として生きていくために必要なことです。食糧と水が十分に手に入れられないということは、生存の機会を奪っていることです。

ヒトは、自分と関係なくても、他人が辛い表情をしていると無条件で悲しくなる性質があるようです。つまり、アクセスできなくて辛い表情をしている人がいること自体が、食糧にも水にも豊かにアクセスできているヒトから喜びを奪うことになり、幸福の機会を減少させているとも言えます。

また、アクセスできない人たちが同じ人間社会内に存在すること自体が問題でもありますが、それ以上に、人はその危機に直面したときにその悲惨な状況を免れようとし、強盗や殺人、集団的暴力など非人道的な行動をしてしまうものです。それは、その被害者を傷付けるだけでなく、その非人道的行動を取ってしまった人に大きな心の傷を与えます。そして、その人はそれを正当化し、その行動を繰り返すようになってしまうこともあります。国家間の関係でも同じことが起きる可能性があり、国際対立を生み出していきます。そして、生きるか死ぬかの問題である食糧や水をめぐり、武力など手段を選ばない行動が取られる可能性が十分にあるのです。

（機会の格差）

現在の人間社会は、世界的に、多くの先進国においてでさえ、教育や就労の機会に大きな格差があります。人は、幸せになりたいと志向し、そのための機会が与えられる期待をしています。教育や就労といった機会が社会から与えられることで、個人は、幸せになれるよう努力をして、その能力を最大に発揮し、社会還元もできるものです。逆に、そうした機会がなければ、大きなストレスになります。自分にはどうしようもない社会的要因で幸せになれない場合、その人は、暴力や犯罪などの反社会的な行動を取るときがあります。安定した社会を維持していくために、そうした行動に出る人が現れないよう社会は、すべての個人に十分な機会を与える必要があります。

一方、格差には、収入などの「結果の格差」もあります。これも問題視される場合がありますが、ここでは社会が不安定化する要因ではないものと整理したいと思います。それは、結果の格差がない方が社会の不安定化につながる可能性があるからです。結果の格差を無くすことは、個人の努力や能力が十分に発揮されず、社会が発展しなくなります。共産主義の失敗は、成果が公平に分配されていたことです。能力があってもなくても、努力してもしなくても、個人の得られる喜びが変わることがなければ、個人は能力を発揮せずに、努力もしなくなり、社会は衰退していきます。現在では、純粋な共産主義の国はほぼなくなっています。人類の“共産主義”という大きな挑戦は、“成果は、個人の能力や努力によって差を付けるべき”という教訓を与えてくれたとも言えます。格差の問題は、“機会の格差”が問題なのです。

機会の格差は、社会の発展にとっても負の影響が大きいと考えられます。社会が発展していくためには、個人が社会の役割分担を果たし、自己実現としての努力や能力が社会に還元される必要があります。個人がそうした領域での喜びを得られるためには、その前提として役割を果たし、社会に還元できるための能力を身につける教育と努力できる場としての就労といった機会が与えられる必要があるのです。すべての人に教育と就労の機会が与えられることで、より最適な役割分担で、より高い能力によって、より高い社会還元がなされ、社会が発展していくのです。

(犯罪と治安悪化)

社会不安定化の１つの指標に犯罪件数などの治安悪化もあります。食糧が得られなかったり、機会の格差が大きくなれば、犯罪も増えることは容易に想像できます。犯罪が増えることで、安全が保たれなくなり、人々の間の信用もなくなり、さらに犯罪が増えることにもなります。そして、社会がより不安定化していきます。ヒトとは、他人を信用できなくなったり、憎んだりしてしまうもので、それは仕方がありません。そして、その性質によって、不信感の連鎖が起き得る状態に常にあります。しかし、理性でその負の連鎖を食い止めています。しかし、生きていくために必要な食糧がなければ、強盗でも殺人でもして生き延びようとしますし、教育や雇用の機会を失った人は、機会を与えてくれない社会に対して不満や反感を持ち、理性が利かなくなってしまうものなのです。

（経済の失敗）

経済という社会の仕組みは、完全なものではありません。それは、法律が完全なものでないことと同じであり、経済システムも所詮は人が作ったものだからです。経済の不完全さ「経済の失敗」の存在は、仕方ないものであります。しかし、経済を絶対的なものと勘違いしているか、不完全であることを理解しながらも自分に都合が良いようにその不完全さを無視している人たちがいます。それは、視野の狭さや保守性といったことであり、その結果として、“より多くの人により幸せにする”という経済の究極目標に反することが多々あります。

現在の経済成長は、物質的な消費の拡大が前提とも言えます。地球環境が提供できる地球環境サービスの量には限界がありますので、経済システムも変えていかなければいけないはずです。物質的消費量を最小化していく経済の在り方として、“サーキュラーエコノミー”という考え方が欧州を中心に広がっていますが、そうした経済を目指す動きは、まだまだメジャーにはなっていません。

（国際関係）

社会を不安定にする要因の１つに、世界が１つでないことがあります。意思決定の主権が各国にあるため、世界全体で公平なルールを適用することが難しいのです。例えば、地球温暖化対策として世界全体での温室効果ガスの排出量の抑制が必要な場合でも、その合意に至るのは困難でした。

地球温暖化、生態系生産能力の喪失、地下資源の枯渇という地球規模での環境問題に対して、国によって与えている影響とその地球環境の変化によって受ける影響が異なるため、対策への積極さが異なります。また、世界全体での地球環境サービスの需要量を制限するということは、人口も増え、物質的にも豊かになろうとしている世界に、分配という問題をもたらします。こうした中、すべての国の利害が一致するということは、ほぼありえないとも言えます。

社会の不安定化がなぜ起きるのか、上記の要因のほか、人間社会の性質についても理解しておくと良いと思われます。人間社会には、すぐに社会が変わらないという「遅延」、社会が変わろうとするとそれを阻止する力が生じる「保守性」などがあり、それが人間社会を良くしたり、悪くしたりします。そして、その性質を完全に取り除くことはできないので、そうした性質の存在を知った上で、地球環境の変化に対応していくことが必要になります。また、解決方法を考える上でも考慮すべき要素となります。そこで、人間社会の性質についていくつか説明したいと思います。

(遅延)

人間社会には、何かしようとしてもすぐにできないことが多くあります。それは、"遅延"という人間社会の性質があるからです。それには、様々な要因が考えられますが、以下にいくつか例を紹介します。

・情報伝達による遅延・・・誰かが新しい事象を発見しても、その事が社会全体に知れ渡るまでの情報伝達に時間がかかります。

・意思決定による遅延・・・対策が必要だと明らかになってから、その対応策を決めるまでの意思決定に時間がかかります。民主主義では、遅くなる場合があります。

・準備による遅延・・・意思決定されてから実施されるまでには準備が必要ですので、その準備に時間がかかります。

・更新による遅延・・・新しい技術や製品が実用化されても、既設の技術や製品がすべて入れ替わるまでには時間がかかります。

・教育による遅延・・・新しい時代に必要な知識や価値観などが教育者に速やかに伝えられないことで、教育者がその時代より古い知識や価値観を次世代に伝えてしまいます。

（保守性）

保守性とは、社会の現状を守ろうとする性質、社会が変化しようとしたときにそれを止めようとする力が働く性質です。例えば、国会議員は、自分たちが不利になるような法律は作ろうとしませんし、企業は、収益構造が社会のニーズに反していても、それを変えられないことがあります。遅延や保守性といった社会が変化するのを遅らせるような性質を「社会の慣性」と呼ぶこともあります。現在の社会に存在する大きな保守性は、「政治の保守性」と「経済の保守性」です。以下、その２つの保守性について説明します。

・政治の保守性･･･政治的地位を持っている人が社会制度について意思決定力を有するために、その人が地位を築いたその時の仕組みをその力によって守ろうとするし、守ることができます。そのため、社会制度が時代の流れ（科学技術の発展、社会の拡大、環境の変化など）に合わなくなってきても、それを変えられずに、あるときに何らかのきっかけで非線形的な変化がおきることがあります。フランス革命や明治維新などがそれに当たります。これまで人類は、革命と呼ばれる非線形的なイベントによって社会の仕組みを変化させてきましたが、それに伴って流される血、犠牲になる命が大量にありました。一般的には、そうした非線形的な変化を望まない人が多いと思われます。だからこそ、社会の仕組みを時代の流れに合わせられるように変える仕組みが必要ということになります。

・経済の保守性･･･カネを稼いだ人が経済に対してより大きな意思決定力を有するために、その人が成功したその時の仕組みをその力によって守ろうとするし、守ることができます。別の言い方をすれば、経済も１つの意思決定手段であり、経済的に成功した人が経済ルールをつくる意思決定力を持っているということです。個人は、スーパーで買い物するときにその食品の美味しさや量に対する値段によって、購入するかを判断し、おカネを支払ってその物を手に入れます。これは、政治家への投票でなく、企業への投票をしているようなものであり、社会の意思決定手段と言えます。私たちは、経済という指標で物事を判断し、経済という行動によって意思決定をしているのです。日本や米国などでは、民主的意思決定手段である選挙でも政治資金の多さが勝敗の行方を決定しており、社会における意思決定のほとんどが経済的なものであると言えるかもしれません。両国の選挙における投票率が低いのも、民主的な、政治による意思決定が社会の意思決定として、大きな役割を果たしていないからだと考えることもできます。また、現在の資本主義では、カネがカネを生み出す仕組みであり、さらにはカネの存在そのものが価値を持つようになっており、より強い経済の保守性を形成しています。

（不信感の拡大）

誰でも他人を信じることができる時と信じられなくなる時があります。これは、個人の努力でもどうしようもないヒトの心理的性質です。この個人の性質が社会的な問題となるのは、その個人の心の中にある不信感が表現され、他人に伝わり、それが大きくなって拡がっていくことにあります。そして、その現象が生じる可能性は、いつも社会に存在しているものです。

不信感の拡大は、個人レベルだけではなく、企業や国家といった組織や集団のレベルにもあります。ほとんどの国家が武力を有することは、どうしても拭えない不信感の存在を明示しているのかもしれません。すべての国家がお互いに攻撃しないと信じ合えれば、攻め入られることはないので守るための武力も必要なくなり、すべての国が武力という無駄なコストをかけずに済むようになります。

「誰も窃盗しない」とすべての人が信じ合える社会では、鍵や盗難保険が必要なくなり社会費用が軽減され、信じ合えない社会より全体でのメリットが大きいです。一方で、そんな社会では窃盗をすることは物理的にはたやすくできてしまい、もし一度窃盗が起きてしまえば、みんなが窃盗対策をして、社会費用が増大してしまいます。しかも、お互いに疑い合い始めると「窃盗すると疑われているなら窃盗しちゃえ」という人が増えてしまう可能性もあります。

（視野の狭さ）

ヒトは、物事を単純化して認識しようとするものです。広くて複雑な情報の中からごく一部の情報だけを抽出して理解をしてしまうことがありますが、脳の構造がそうなっているから仕方ないものであり、これもヒトの性質です。特に切羽詰った状態になるほどに、広く物事を考えられなくなります。それが“視野の狭さ”となって、社会的な問題を引き起こすことがあります。そして、視野の狭さは個人だけではなく、組織単位でも起きる事があります。

・見ている時間の狭さ･･･ある期間における結果が最善になると考えてとった行動が、その期間より先には悪影響を及ぼすことになる場合があります。
・見ている組織の狭さ･･･ある組織にとって最善になると考えてとった行動が、他の組織や上部組織、社会全体に悪影響を及ぼし、結果としてその組織にも悪影響が及ぶことがあります。例えば、国の省庁が自分の組織の予算を守ることだけを考えて、結局は国が悪くなっていき、その省庁にとってもマイナスになる事があります。
・見ている目標の狭さ･･･目的達成のための目標を立てたときに、その目標にとらわれすぎて、結果として目的に反する行動をしてしまうことがあります。例えば、ある一定額の利益を目標として持つ企業が、利益を上げようと不正なことをしてしまったという事件が後を絶たないことも、本来の企業の目的を忘れてしまったという視野の狭さです。

地球環境サービスの低下によって、こうした人間社会の性質が悪い方に発揮されて、武力によって戦争が起きたり、機会の格差によって貧困が広がったりすることが社会の不安定化です。

■ 3つの持続不可能性

人間社会がその原因で、人間社会に悪影響を及ぼすような地球環境の変化、いわゆる環境問題と言われることは、「地球温暖化」「海洋汚染」「オゾン層破壊」「森林破壊」などなど数多くあります。それは、把握しきれないほどあり、そのことが環境問題を難しい問題として認識させている1つの要因ともなっています。

それらの問題のうち、地球規模での環境変化で、現状では解決の目処がたっていなく、また、複雑系で解決が困難で、その影響によって文化的な人間社会そのものの存続を危うくする可能性が十分にある問題としては、「地球温暖化」「生態系生産能力の喪失」「地下資源の枯渇」の3つがあります。この3つの地球環境の変化は、人間社会全体を不安定化させる潜在性を持っており、ほとんどの個人の幸福機会を奪うものであります。別の言い方をすれば、この3つが人間社会を持続不可能性にするリスクの高い地球環境の変化なのです。

この3点が複雑系であり、人類にとって大きな問題であることは、国連が設置する国際会議の存在からも分かります。地球温暖化については、IPCC（気候変動に関する政府間パネル）で科学的な評価が行われ、それに基づいて、気候変動枠組み条約で地球温暖化対策に関する会議が毎年行われています。生態系生産能力の喪失については、IPBES（生物多様性及び生態系サービスに関する政府間科学-政策プラットフォーム）で科学的な評価が行われ、それに基づいて、生物の多様性に関する条約で2年に1回の会議が行われています。地下資源については、国際資源パネルの一環で現状の整理が行われています。地下資源は、国家の戦略に直結するため、気候変動や生態系のように、その対策のための国際的な解決枠組みはありません。

以下、3つの人為的作用による地球環境の変化について、それぞれのメカニズムについて説明します。そして、2つの地球環境の変化が相乗作用によって人間社会を不安定化させることについても考えていきます。

【地球温暖化】

人間社会が大量の温室効果ガスを排出し、気候が変化することにより、異常気象が発生して個人やインフラに被害を及ぼしたり、生態系の生産能力が失われ人間社会が生態系から食糧、燃料、木材、繊維を得られなくなったりすること。

〔メカニズム〕

①	地球環境への人為的作用	人間社会は、化石燃料の利用や土地利用の変化や様々な工業の活動の結果、大量の温室効果ガスを大気中に排出している。
②	地球環境の変化	温室効果ガスの濃度増加で大気や海水が温まり、気候に変化が生じる。また、地域によっては大きな気候変化となる。
③	地球環境サービスの減少	気候の変化（異常気象など）によって、個人やインフラが被害を受けたり、農業生産量が低下したりする。
④	社会の不安定化	頻発する異常気象による農業被害によって食糧生産量が減少し、さらに温暖化対策として、食糧が燃料として利用されることで、食糧価格が急騰する。途上国や経済的弱者に教育などへの機会が減る。食糧強盗などの犯罪が増え、食糧をめぐる国際対立も起きる。
⑤	幸福機会の減少	地球環境サービスの低下による食糧不足などによって、多くの人が生きていくことも難しい状況になる。また、社会の不安定化によって、多くの人が、食糧が手に入らなくなったり、教育などの機会が平等に与えられなくなったり、戦争・紛争・犯罪の危険にさらされたりする。

【生態系生産能力の喪失】

人間社会が生態系を過剰に利用することよって生態系の生産能力が失われ、人間社会が生態系から食糧、燃料、木材、繊維を得られなくなること。

〔メカニズム〕

①	地球環境への 人為的作用	人間社会は、生態系資源を生態系の回復速度よりも早く利用している。
②	地球環境の変化	生態系ストックがなくなり、さらに生態系の生産能力が失われる。
③	地球環境サービスの減少	生態系から食糧、木材、繊維、燃料が手に入れられなくなる。
④	社会の不安定化	食糧不足による食糧価格の高騰によって、現在の経済バランスが崩れ、失業者も多くなる。途上国や経済的弱者に教育などへの機会が減る。食糧強盗などの犯罪が増え、食糧をめぐる国際対立も起きる。地域によっては、食糧や生産地、水を奪い合う戦争や紛争が起きる。
⑤	幸福機会の減少	地球環境サービスの低下、特に食糧と燃料が手に入らなくなることで、より多くの人が生きていくことも難しい状況になる。また、社会の不安定化によって、多くの人が、食糧が手に入らなくなったり、教育などの機会が平等に与えられなくなったり、戦争・紛争・犯罪の危険にさらされたりする。

【地下資源の枯渇】

人間社会が地下資源を消費し続けることで、地下資源が枯渇し、人間社会が地下資源を利用できなくなること。

〔メカニズム〕

①	地球環境への 人為的作用	人間社会は、石油などの化石燃料、リン鉱石、レアメタルなど地下資源を採掘し続ける。
②	地球環境の変化	地下資源が枯渇し、それ以上採掘できなくなる。
③	地球環境サービスの減少	地下資源が利用できなくなる。
④	社会の不安定化	枯渇によって地下資源の採掘量が減少すると、資源価格が急騰する。地下資源に依存していた産業構造そのものが立ち行かなくなり、経済は不安定化し、多くの失業者が生じる。資

		源産出国が国内産業を守るために、その資源を占有すると、国際情勢は不安定化し、戦争のリスクが高まる。石油やリン鉱石が使えなくなることによって、農業生産量が減少する。
⑤	幸福機会の減少	地球環境サービスの低下によりエネルギー源がなくなり、化学肥料が不足し、食糧不足などにより多くの人が生きていくことも難しい状況になる。また、社会の不安定化によって、多くの人が、食糧が手に入らなくなったり、教育などの機会が平等に与えられなくなったり、戦争・紛争・犯罪の危険にさらされたりする。

３重の危機

「地球温暖化」「生態系生産能力の喪失」「地下資源の枯渇」という３つの地球環境の変化は、異なる原因を持ち、異なるメカニズムによって起きるものですが、その結果として起きる地球環境サービスの低下は、経済混乱、戦争勃発、犯罪多発などといった人間社会を不安定化させる同じ点に影響を与えます。そして、その相乗作用によって、それぞれの地球環境の変化によって起きる影響よりも大きく、急激に社会が不安定化する可能性があります。２つの地球環境の変化とそれによる社会の不安定化、幸福機会の減少について、その因果関係をまとめると、**図A-9**のようになります。この図から、私たちがこれからも幸せに暮らしていくためには、地球環境の変化や社会の不安定化要素といった問題を幅広く捉えて考えていくことが必要だと気付かされます。

これが地球環境問題によって私たちが幸福になる機会が奪われるメカニズムで、持続不可能性です。持続不可能性は、若い世代の未来を奪ってしまう、とても大きな問題です。

図A-9　持続不可能性のメカニズム

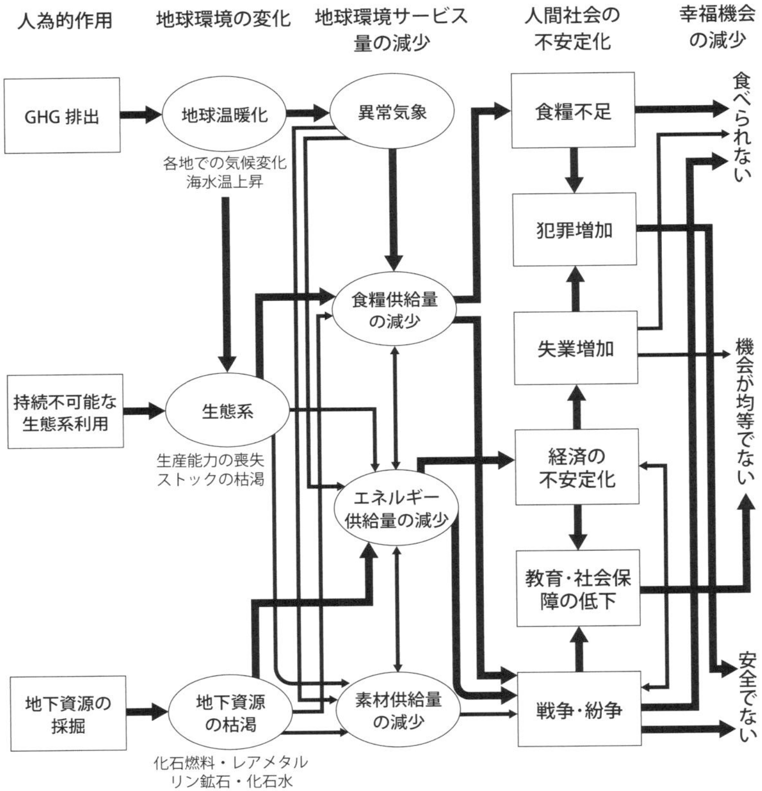

■ カーボンニュートラルと持続可能性

コラムとは言えないほど長文になってしまいましたが、持続可能性という価値観の理解のために、その反対の状態である「持続不可能性」を説明してきました。第1章にて、カーボンニュートラルは、地球温暖化対策ではないと書きましたが、まさに人間社会が、一人ひとりが幸せに暮らせる機会を大きくするために、地球環境との関係で持続不可能な状態にある現状を、持続可能な形に変えていこうとすることが、“カーボンニュートラル”なのです。人類がこれほどまでに豊かになれたのは、化石燃料があったからです。その豊かさの前提である化石燃料の利用を人類が止めようとしているということ自体がとても壮大なことだと思います。

本コラムの最初に書いたとおり、日本人は「持続可能性」に対して絶対的な価値観を感じない場合が多いように思えます。1つの解釈ですが、欧州は直線的な時間感覚を持っているので、それが常識の欧州の人にとって、持続可能性という円環的な時間感覚は、興味深く、地球環境との関係では目指すべきものとして認識しやすいのかもしれません。一方で、円環的な時間感覚を持っている日本人には、持続可能性という概念が特別なものに感じないのかもしれません。そして、円環的な感覚は、人類が発展していく、変化していくという感覚も持たせにくくしているのかもしれません。ただ、自分の子どもや孫の世代にも、今のように豊かに暮らせる社会を残したいという思いは、円環的な感覚でも持っていますので、その子どもや孫が生きていく世界のために、やるべきことはやっていけると思います。

自然電力の究極の目標は、持続可能な社会の実現です。私たちは、その中で、再生可能エネルギーを拡大していくというパーパスを持ち、事業を行っていますが、それだけでは、持続可能な社会は実現しません。このコラムで、より多くの方に“持続可能性”をより理解いただき、持続可能な社会をつくっていきたいと考えてもらえたら、嬉しいです。そして、エネルギー分野以外でも、共に持続可能な社会を目指し、それぞれの役割を果たしていく仲間とつながっていきながら、私たちにできることに挑戦し続けていきたいと思います。

参考コラム

菅内閣総理大臣の所信表明演説(2020年10月26日)
カーボンニュートラル宣言に関係する部分の抜粋

三　グリーン社会の実現

菅政権では、成長戦略の柱に経済と環境の好循環を掲げて、グリーン社会の実現に最大限注力してまいります。

我が国は、二〇五〇年までに、温室効果ガスの排出を全体としてゼロにする、すなわち二〇五〇年カーボンニュートラル、脱炭素社会の実現を目指すことを、ここに宣言いたします。

もはや、温暖化への対応は経済成長の制約ではありません。積極的に温暖化対策を行うことが、産業構造や経済社会の変革をもたらし、大きな成長につながるという発想の転換が必要です。

鍵となるのは、次世代型太陽電池、カーボンリサイクルをはじめとした、革新的なイノベーションです。実用化を見据えた研究開発を加速度的に促進します。規制改革などの政策を総動員し、グリーン投資の更なる普及を進めるとともに、脱炭素社会の実現に向けて、国と地方で検討を行う新たな場を創設するなど、総力を挙げて取り組みます。環境関連分野のデジタル化により、効率的、効果的にグリーン化を進めていきます。世界のグリーン産業をけん引し、経済と環境の好循環をつくり出してまいります。

省エネルギーを徹底し、再生可能エネルギーを最大限導入するとともに、安全最優先で原子力政策を進めることで、安定的なエネルギー供給を確立します。長年続けてきた石炭火力発電に対する政策を抜本的に転換します。

出典:首相官邸ウェブサイト

〈著者紹介〉

自然電力株式会社（しぜんでんりょくかぶしきがいしゃ）

2011年6月設立。太陽光・風力・小水力・バイオマスによる再生可能エネルギー発電所の開発・資金調達・アセットマネジメントを手掛ける。2016年より海外事業にも注力しており、東南アジア・ブラジルを中心に開発・発電事業を展開している。また、2019年からはエネルギーテック事業に参入し、自社開発のEMS（エネルギー管理システム）により、マイクログリットやVPPの構築やEVのスマート充放電サービス等を提供する。これまでグループとして国内外で1GW以上の再生可能エネルギー発電事業に携わっている。

URL：http://www.shizenenergy.net

執筆担当者：未来創造室エキスパート　川島悟一

2013年7月に入社。太陽光発電の事業開発を担当、約20案件、約50MWを開発。電力協議及びFIT認定業務の統括、小水力・バイオマス発電事業開発、小売電気事業の立ち上げを経て、現在、技術・政策・市場の調査、新規ビジネス開発、政策渉外を担当。

カーボンニュートラル前編《ぜんぺん》

日本《にほん》でも経済合理的《けいざいごうりてき》に再《さい》エネ＋電化《でんか》＋蓄電池《ちくでんち》でCO_2を半減《はんげん》できる

2023年3月17日　第1刷発行

著　者　　自然電力株式会社
発行人　　久保田貴幸

発行元　　株式会社 幻冬舎メディアコンサルティング
〒151-0051　東京都渋谷区千駄ヶ谷4-9-7
電話　03-5411-6440（編集）

発売元　　株式会社 幻冬舎
〒151-0051　東京都渋谷区千駄ヶ谷4-9-7
電話　03-5411-6222（営業）

印刷・製本　中央精版印刷株式会社
装　丁　　弓田和則

検印廃止

Printed in Japan
ISBN 978-4-344-94246-2 C0095
幻冬舎メディアコンサルティングＨＰ
https://www.gentosha-mc.com/